中等职业教育课程改革国家规划新教材
全国中等职业教育教材审定委员会审定

U0891766

Tumu Gongcheng Lixue Jichu

土木工程力学基础

（多学时）

主编　孔七一　邓　林
主审　于　英　代素香　（按姓氏笔画排序）

人民交通出版社
China Communications Press

内容提要

本书是中等职业教育课程改革国家规划新教材，由全国中等职业教育教材审定委员会审定。内容主要包括：绪论、力和受力图、平面力系的平衡、直杆轴向拉伸和压缩、直梁弯曲、受压构件的稳定性、工程中常见结构简介及附录，单元后附有工程案例和自主学习项目，供学生学习时选用。

本书作为中等职业学校建筑施工、道路与桥梁工程施工、市政工程施工、水利水电工程施工、铁道施工专业指定教学用书，也可供行业继续教育或岗位培训使用，还可供行业从业人员学习参考。

使用说明：

1. 书中未标注“*”的内容是各专业学生必修的基础性内容和应该达到的基本要求。
2. 书中标注“*”的内容和选学模块，为较高要求及适应不同专业、地域、学校差异的选修内容。

图书在版编目(CIP)数据

土木工程力学基础：多学时/孔七一，邓林主编.
—北京：人民交通出版社，2010.4
ISBN 978-7-114-08350-1

I.①土… II.①孔…②邓 III.①土木工程—工程力学—专业学校—教材 IV.①TU311

中国版本图书馆CIP数据核字(2010)第060159号

中等职业教育课程改革国家规划新教材

书　　名：土木工程力学基础(多学时)
著 作 者：孔七一　邓　林
责任编辑：袁　方　任雪莲
出版发行：人民交通出版社
地　　址：(100011)北京市朝阳区安定门外外馆斜街3号
网　　址：http://www.ccpress.com.cn
销售电话：(010)59757973
总 经 销：人民交通出版社发行部
经　　销：各地新华书店
印　　刷：北京虎彩文化传播有限公司
开　　本：787×1092　1/16
印　　张：13.25
字　　数：184千
版　　次：2010年6月 第1版
印　　次：2021年12月 第7次印刷
书　　号：ISBN 978-7-114-08350-1
定　　价：20.00元

中等职业教育课程改革国家规划新教材

出版说明

为贯彻《国务院关于大力发展职业教育的决定》(国发〔2005〕35号)精神,落实《教育部关于进一步深化中等职业教育教学改革的若干意见》(教职成〔2008〕8号)关于“加强中等职业教育教材建设,保证教学资源基本质量”的要求,确保新一轮中等职业教育教学改革顺利进行,全面提高教育教学质量,保证高质量教材进课堂,教育部对中等职业学校德育课、文化基础课等必修课程和部分大类专业基础课教材进行了统一规划并组织编写,从2009年秋季学期起,国家规划新教材将陆续提供给全国中等职业学校选用。

国家规划新教材是根据教育部最新发布的德育课程、文化基础课程和部分大类专业基础课程的教学大纲编写,并经全国中等职业教育教材审定委员会审定通过。新教材紧紧围绕中等职业教育的培养目标,遵循职业教育教学规律,从满足经济社会发展对高素质劳动者和技能型人才的需要出发,在课程结构、教学内容、教学方法等方面进行了新的探索与改革创新,对于提高新时期中等职业学校学生的思想道德水平、科学文化素养和职业能力,促进中等职业教育深化教学改革,提高教育教学质量将起到积极的推动作用。

希望各地、各中等职业学校积极推广和选用国家规划新教材,并在使用过程中,注意总结经验,及时提出修改意见和建议,使之不断完善和提高。

教育部职业教育与成人教育司

2010年6月

前言

本书根据中等职业学校《土木工程力学基础》教学大纲，按照教育部中等职业教育课程改革国家规划新教材编写的指导思想和有关原则进行编写。

为适应目前中等职业教育“校企合作，工学结合”的人才培养模式改革，结合建筑施工、道路桥梁工程施工、水利工程施工等专业的建设与改革，本教材突出了知识的实践性和应用性要求，以满足培养建筑、道桥、水利施工第一线的技能型人才的需要。通过力学基础知识的学习和项目任务训练使学生初步具备分析和解决土木工程简单结构、基本构件受力问题的能力，为学习专业技能打下了基础。本教材以实践为导向，以应用为主旨，以学生为中心，紧密结合专业精心设计学习项目，对学生进行职业意识培养和职业道德教育，使其形成科学严谨的作风和品质，为学生今后解决生产实际问题和职业生涯的发展奠定了基础。本书内容精练，重点突出，应用性、实践性强；教学内容与生活、专业相结合，重在力学基础知识的应用上。

全书主要内容为：绪论、力和受力图、平面力系的平衡、直杆轴向拉伸和压缩、直梁弯曲、受压构件的稳定性、工程中常见结构简介共7个教学单元。每个教学单元都设有学习目标、单元小结、问题解析、思考与练习、学习项目与自我检测等模块。具体内容为：

(1)学习目标。主要提出了本单元的内容在能力、知识、素质方面的学习目标，明确了学习内容和具体任务。

(2)单元小结。概括本单元主要知识点，帮助学生梳理知识，便于巩固、提高。

(3)问题解析。针对知识应用的重点和难点，以工程案例进行分析和解答，开阔学生视野，关注力学知识在本专业中的应用。

(4)思考与练习。以力学知识应用为主线，通过对各种典型构件进行分析和计算，深化对基本概念、基本原理和基本方法的理解和应用。

前言

(5)学习项目。以具体学习任务为载体,用表格式的学习任务单引导学生对项目内容、学习计划、项目实施进行合作式的自主学习,体现了对学生能力和素质的培养。

(6)自我检测。提供了多种形式的习题和问卷调查式表格,供学生即学即练或教师课堂检测选用。

本书精心设计的7个部分的阅读材料和学习项目,可供教师和学生选用。这部分内容为教师采用任务驱动、项目教学提供了教学资料,也为学生的学习小组活动提供了课程学习任务,还是学生个性化学习的资源。

本书的附录部分为教师提供了本课程教学大纲、课外力学实践活动记录表和课程考核评价表。同时,为了培养学生的自主学习能力,拓展学习的时间和空间,本书还提供了学习网站。

本书的编写采取了校企合作的方式,参与本书编写的有湖南交通职业技术学院、湖南城建职业技术学院、长沙建筑工程学校、湖南省建筑科学研究院、湖南长沙中格建设集团有限公司、中国建筑第五工程局等单位的教师和技术人员。具体执笔人员为:孔七一(编写绪论、单元1、2)、邓林(编写单元3、4、5)、肖珏(编写单元6)。为方便教学,本书还配有电子课件,由孔七一主编,邓林(制作)、李飞跃(绘图)完成。

全书由湖南交通职业技术学院孔七一主编并统稿,邓林担任第二主编。湖南省建筑科学研究院高级工程师吴俊、湖南长沙中格建筑集团有限公司一级建造师银清华、中国建筑第五工程局工程师郭日飞,根据施工企业的工作要求对教材编写提出了很多宝贵意见,在此深表感谢。

由于编者水平有限,书中不足之处,敬请读者批评指正。

编　者

2010年6月

目录

目录

目录

绪　论

学习目标

1. 能叙述土木工程力学的研究任务和研究对象；
2. 能解释结构、构件、刚体、变性固体、平衡、强度、刚度、稳定性等概念；
3. 能描述一起因强度不足而破坏的生活实例或工程事故；
4. 列举自己准备采用的学习方法。

读一读

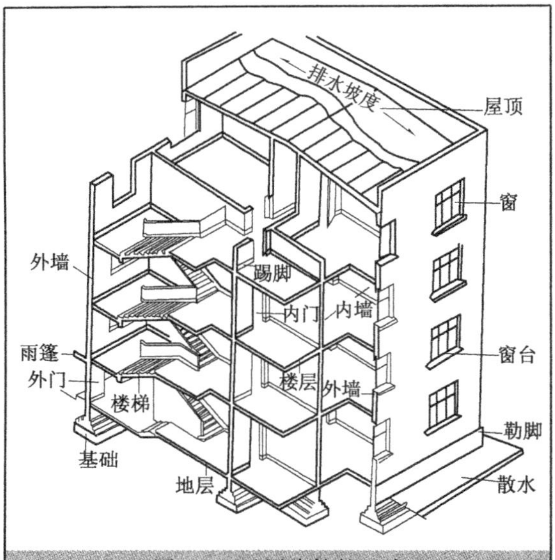

图 0-1 民用建筑的组成

建筑物在建造和使用过程中都会受到各种力的作用。一般情况下，房屋建筑通常会受到下列作用力：楼面活荷载——人群、家具、设备等；屋面活荷载——上人屋面的人群、施工荷载、积雪等；构件自重——楼板、墙身、梁自重；外墙面上的风力。如图 0-1 所示，民用建筑通常是由基础、墙体或柱、楼地层（楼板与楼地面）、楼梯、屋顶和门窗等六个主要构造部分组成。

基础位于建筑物的最下部，起支撑作用。它承担建筑的全部荷载，并把这些荷载传给地基。因此，基础应具有足够的强度、刚度和耐久性，并能抵御地下各种不良因素的侵袭。

承重墙与柱主要起到承重的作用，将屋顶、楼板传下来的荷载连同自重一起传给基础。同时外墙还能抵御风、雨、雪对建筑的侵袭，使室内有良好的工作和生活环境，起围护和分隔作用。

楼板是房屋的水平承重构件，搁置在墙上或梁上。它承受着作用在其上的荷载，连同自重一起，作为承重结构传给墙或柱。地面（或称底层地坪）与楼板（或称楼面）：均承受作用在其上的荷载，要求坚固、耐磨、防潮。

屋顶既是承重结构又是围护结构。承受作用在其上的自重荷载、风雪荷载和人的重量，各种荷载传递给墙或柱，同时还要求楼面有保温、隔热、防水的能力。

民用建筑中的结构和构件在承受荷载和传递荷载时还会引起周围物体对它

们的反作用（如地基对基础的反力）。同时结构和构件本身因受荷载作用还会产生内力和变形，但建筑结构本身具有一定的抵抗变形和抵抗破坏的能力。

由此可见，建筑物中的结构和构件应该在施工和使用过程中满足两个要求：①组成民用建筑的结构和构件在荷载作用下不能破坏。同时也不能产生过大的形状改变，即保证结构安全正常使用。②要考虑结构和构件所用的材料应尽可能少，以便降低工程造价。因此建造一个建筑物之前，设计人员会对所有的构件一一进行受力分析，构件的尺寸大小、选用的材料、排列的位置都要通过计算来确定。以此保证建筑物的坚固安全和经济适用。

想一想

1. 民用建筑物的主要组成部分的受力特征是什么？
2. 民用建筑中基础所承受的荷载有哪些？

在土木工程中，由砖、石、混凝土（或钢筋混凝土）、各种金属材料通过建筑方式构筑而成的具有使用功能与价值的物体称为建筑。直接供人们使用的建筑叫建筑物，如房屋、厂房、车站等。不直接供人们使用的建筑叫构筑物，是指人们一般不直接在内进行生产和生活的建筑，如桥梁、城墙、堤坝等。在各种建筑物中，承受荷载且起骨架作用的部分称为结构，组成结构的各单独部分称为构件。

房屋、桥梁、堤坝除了会受到自重的作用外，还要承受如人群、风力、汽车、水压力等荷载的作用。在这些力的作用下，它们应能够安全可靠地工作，尤其不能发生破坏。如图 0-1 中的基础是建筑物地面以下的承重部分，它承受建筑物的上部结构传下来的荷载，并把这些荷载连同本身自重传给地基。因此，基础应具有足够的强度、刚度和耐久性，并能抵御地下各种不良因素的侵袭。

“土木工程力学基础”是土木工程类专业的一门基础课程，其所涉及的力学基础知识可为解决生产实际问题提供理论依据和计算方法。

0.1 土木工程力学的研究任务

在土木建筑施工和使用过程中，构件要能安全地承受和传递各种荷载。因此，它们必须具有足够的强度、刚度和稳定性。

土木工程力学的任务就是研究物体的受力分析、力系简化与平衡的理论基础，研究构件的强度、刚度和稳定性问题，使结构既能安全、正常地工作，又经济实用。

平衡是指物体相对于地球保持静止或做匀速直线运动的状态。

强度是指构件抵抗破坏的能力。构件在工作条件下不发生破坏，该构件即具有抵抗破坏的能力，满足了强度要求。

刚度是指构件抵抗变形的能力。结构或构件在工作条件下所发生的变形未超过工程允许的范围，该结构或构件即具有抵抗变形的能力，满足了刚度要求。

稳定性是指结构或构件具有保持原有形状的稳定平衡状态的能力。结构或构件在工作条件下不会突然改变原有的形状，以致发生过大的变形而导致破坏，即满足稳定性要求。

0.2 土木工程力学的研究对象

组成建筑结构的构件有梁、板、柱、基础等，一般按其几何特征分为 3 种类型：杆件、薄板或薄壳结构、实体结构。

长度方向的尺寸远大于横截面的宽度和厚度尺寸（5倍以上）的构件，称为杆件［图0-2a)、b)］，如建筑物中的梁、柱等。厚度远远小于另外两个方向的尺寸的构件，称为薄板或薄壳结构［图0-2c)、d)］，如楼板、壳体等。三个方向的尺寸基本相仿的构件，称为实体结构［图0-2e)］，如挡土墙、水坝等。土木工程力学的研究对象主要是杆件结构。

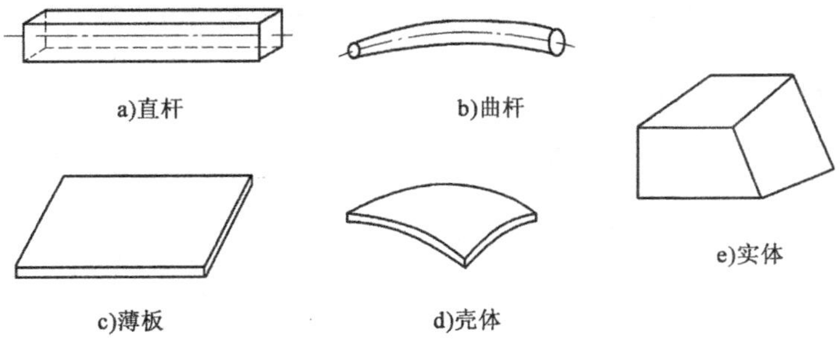

图0-2 构件形式

0.3 土木工程力学的力学模型

在土木工程力学的研究中，将物体抽象为两种计算模型：刚体模型、理想变形固体模型。

1 刚体

刚体是指在任何外力作用下，其大小、形状均保持不变的物体。它是一种科学的抽象，是一个理想化的模型，是在研究物体的平衡问题时，抓住主要因素，忽略次要因素，对实际物体进行的模拟。实际上，任何物体受力作用时都会发生或大或小的变形，但在一些力学问题中，物体变形这一因素与所研究的问题无关或对所研究的问题影响甚小，这时就可以不考虑物体的变形，故将物体视为刚体，从而使所研究的问题得到简化。例如，建筑中最常见的梁，在研究它的平衡问题时，可将其视为刚体；但是，在研究它的强度和刚度时，又要将它看做变形固体。因此，刚体是相对的。

2 变形固体及其基本假设

在研究构件的强度和刚度问题中，物体变形这一因素是不可忽略的主要因素，如不予考虑就得不到问题的正确解答。这时，应将物体视为理想变形固体。所谓理想变形固体，是将一般变形固体的材料性质加以理想化，并做出以下假设：

（1）连续性假设。认为物体的材料结构是密实的，物体内材料是毫无空隙地连续分布。

（2）均匀性假设。认为材料的力学性质是均匀的，从物体上任取或大或小的一部分，材料的力学性质均相同。

（3）各向同性假设。认为材料的力学性质是各向同性的，即材料沿不同的方向具有相同的力学性质。有些材料沿不同方向的力学性质是不同的，称为各向异性材料。本教材中仅研究各向同性材料。

按照连续、均匀、各向同性假设而理想化了的一般变形固体称为理想变形固体。采用理想变形固体模型不但使理论分析和计算得到了简化，且在大多数情况下，其所得结果的精度能满足工程的要求。

0.4 土木工程力学的学习方法

课前完成阅读材料和问题思考的任务，课中记笔记和填写各种相关学习任务单，课后按时独立完成作业都是很关键的学习环节。

土木工程力学基础是土木类专业的一门基础课程。通过学习力学基础知识和基本计算方法，可为后续专业技能课程的学习和解决生产实际问题奠定基础。特别要注意观察身边的各种建筑物和结构，外出要关注房屋道路、桥梁的结构特点，并做好记录。平时要收集关于各种工业与民用建筑、高速公路、铁路、桥梁的工程建设项目或事故的新闻，经常到施工工地、装修场所进行考察见习，这样将课堂理论学习与工程实际结构结合起来，可以使所学的知识得到深化，养成认真、严谨、敬业的学习品质和工作作风。

阅读材料

桥梁是供车辆（汽车、列车）和行人等跨越障碍（河流、山谷、海湾或其他线路等）的工程建筑物。简而言之，桥梁就是跨越障碍的通道。“跨越”一词，突出表现出桥梁不同于其他土木建筑的结构特征。从线路（公路或铁路）的角度讲，桥梁就是线路在跨越上述障碍时的延伸部分或连接部分。

桥梁组成部分的划分与桥梁结构体系有关。以常见的简支梁桥（图 0-3）为例，桥梁通常由以下几部分组成。

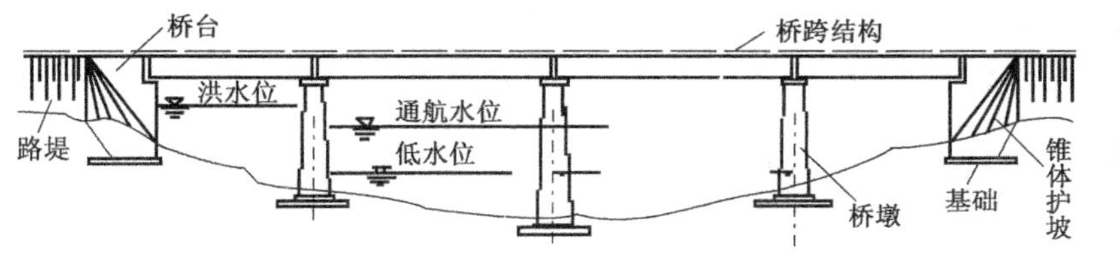

图 0-3　简支梁桥

1 上部结构

上部结构指桥梁位于支座以上的部分。它包括桥跨结构和桥面构造两部分：前者指桥梁中直接承受桥上交通荷载的、架空的主体结构部分；后者则指为保证桥跨结构能正常使用而需要建造的桥上各种附属结构或设施。

桥跨结构的形式多样。对梁桥而言，其主体结构是梁；对拱桥而言，其主体结构是拱；对悬索桥而言，其主体结构是缆。附属结构或构造是指公路桥的行车道铺装，铁路桥的道砟、枕木、钢轨，伸缩装置，排水防水系统，人行道，安全带（护栏），路缘石，栏杆，照明等。

2 下部结构

下部结构指桥梁位于支座以下的部分，也叫支承结构。它包括桥墩、桥台以及墩台的基础，是支承上部结构、向下传递荷载的结构物。

桥梁墩台的布置是与桥跨结构相对应的。桥台设在桥跨结构的两端，桥墩则分设在两桥台之间。

桥台除起到支承和传力作用外，还起到与路堤衔接、防止路堤滑塌的作用。为此，通常需在桥台周围设置锥体护坡。

墩台基础是承受由上至下的全部荷载（包括交通荷载和结构重力）并将其传递给地基的结构物。它通常埋入土层之中或建筑在基岩之上，常需在水中施工。

3 支座

在桥跨结构与墩台之间，还需要设置支座，以连接桥跨结构与桥梁墩台，提供荷载传递途径。除此之外，根据具体情况，与桥梁配套建造的附属结构物可能有挡土墙、护坡、导流堤、检查设备、台阶扶梯、导航装置等。

单元小结

1. 平面杆系结构的类型有梁、拱、刚架、桁架、组合结构。

2. 刚体：在任何外力的作用下，大小和形状保持不变的物体。

3. 变形固体：按照连续、均匀、各向同性假设而理想化了的一般变形固体称之。

4. 强度刚度稳定性：强度是指构件抵抗破坏的能力。刚度是指构件抵抗变形的能力。稳定性是指细长压杆具有保持原有直线平衡状态的能力。

思考与练习

指出图 0-1 中的基础、墙体、柱、楼板、楼梯所在位置，并简要叙述其所受的力。

单　元　1

力和受力图

学习目标

1. 能解释力、力的两种效应等概念；
2. 能叙述静力学的基本公理；
3. 会根据约束的类型确定约束反力；
4. 能画出单个物体的受力图；
5. 能完成小组学习项目中的 1 个任务。

读一读　坦克为什么能够在沼泽地里行驶？

为什么在茫茫的雪原中，徒步行走是那样的艰难，而滑雪却会身轻如燕？为什么在泥泞的沼泽里，一切有轮子的车辆都会寸步难行，而唯独有履带的坦克和拖拉机，却可以行动自如呢？为什么像刀子、斧子、锥子和针，这些用来穿透物体的工具，它们的刃或尖都磨得那样的锋利和尖锐呢？

现在我们来看看实际的例子。一台履带式拖拉机质量为 5 150kg，它的两条履带与地面的接触面积共为 15 036cm²。由此可知，地面受到的压力大约为 0.34kg/cm²。而一个体重为 60kg 的人，假设他每只鞋与地面的接触面积是 170cm²，那么他走路的时候对地面的压力却达到了 0.35kg/cm²。

虽然履带式拖拉机比人重得多，但是由于它与地面的接触面积相当大，它对地面的压力作用反而比人对地面的压力作用小一些。这就是为什么履带式拖拉机和坦克可以在泥泞的道路上行驶的原因。而反过来，刀子、斧子、锥子和针，要把刃磨得很锋利，或者做得很尖锐，都是为了减少接触面积而增大压力作用这个目的。

可见，压力作用的效果不仅与压力本身的大小有关，而且还与作用面积的大小有关。有时压力很大，但是作用面积也很大，压力的作用效果并不显著；而有的时候尽管压力很小，但是作用面积也相当小，压力作用的效果反而很明显。

摘自《力学漫谈》科学普及出版社，1980 年版第 49 页。

议一议

1. 压力的作用效果的强弱与作用面积大小有何关系？
2. 力的作用效果与哪三个要素有关？

1.1 力的基本知识

本节介绍了力的三要素、力和力系的概念及力的图示法，并结合工程实际讲解了荷载的类型。

一 力

力是物体间相互的机械作用，这种作用有两种效应：一种是使物体的运动状态发生变化，称为力的外效应；另一种是使物体产生变形，称为力的内效应。比如，工地上用小车推运砂浆，就是力作用在小车上使小车由静止到运动，并能使小车的运动速度加快、减慢或拐弯改变方向等。又如力作用在钢筋上能使钢筋变直、弯曲、伸长或缩短等。

力对物体的作用效应决定于力的三要素：力的大小、方向（方位与指向）、作用点。实践表明，如果改变这三个要素中的任一个要素，都会改变力对物体的作用效果。

力是矢量。通常用一个带箭头的线段表示力的三要素。线段的长度（按选定的比例）表示力的大小；线段的方位和箭头表示力的方向；带箭头线段的起点或终点表示力的作用点（图 1-1）。通过力的作用点并沿着力的方位的直线，称为力的作用线。本书中用黑体字如 $\boldsymbol{F}$ 、$\boldsymbol{P}$ 等表示力矢量，用普通字母如 F、P 等表示力矢量的大小。

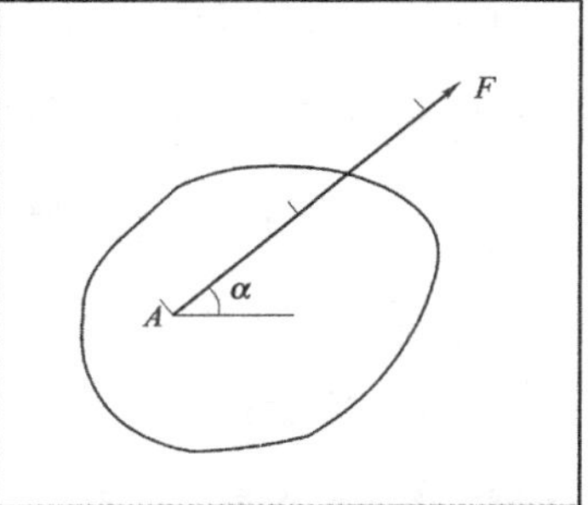

图 1-1 力的图示

在国际单位制中，力的单位为牛顿（N）或千牛顿（kN）。

二 力系

作用在同一物体上的一组力称为力系。在不改变作用效果的前提下，用一个简单力系代替复杂力系的过程称为力系的简化或力系的合成。对物体作用效果相同的力系，称为等效力系。如果一个力与一个力系等效，则此力称为该力系的合力，而力系中的各个力都是其合力的分力。使物体保持平衡的力系，称为平衡力系。要使物体处于平衡状态，就必须使作用于物体上的力系满足一定的条件，这些条件叫做力系的平衡条件。物体在各种力系作用下的平衡条件在建筑、路桥工程中有着广泛的应用。

三 荷载类型

使结构或构件产生运动或有运动趋势的主动力在工程上习惯地称为荷载，如结构自重、风压力、土压力以及人群、货物的重力等。荷载按作用的范围大小可分为集中荷载和分布荷载。

力的作用位置实际上是一块面积，当作用面积相对于物体很小时，可近似地将其看做一个点。作用于一点的力，称为集中力或集中荷载。如火车车轮作用在钢轨上的压力，面积较小的柱体传递到面积较大的基础上的压力等，都可看做集中荷载。如果力的作用面积大，就称为分布力。如堆放在路面上的沙石和货物对于路面、路基的压力，建筑物承受的风压等都是分布力。当荷载连续作用于整个物体的体积上时，称为体荷载（如物体 的重力）；当荷载连续作用于物体的某一表面上时，称为面荷载（如风、雪、水等对物体的压力）。履带式拖拉机对沼泽地面的压力就是面荷载。当物体所受的力，是沿着某条线连续分布且相互平行的力系，称为线分布力或线荷载。例如梁的自重，可以简化为沿梁的轴线分布的线荷载（图 1-2）。单位长度上所受

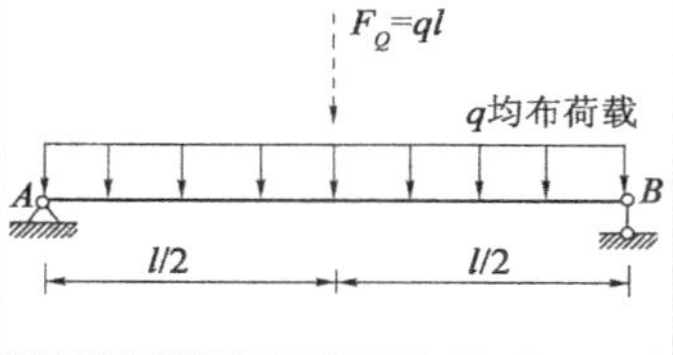

图 1-2 梁自重的简化图

的力，称为分布力在该处的荷载集度，通常用 $\boldsymbol{q}$ 表示，其单位是 N/m 或 kN/m。如果 q 为一常量，则该分布力称为均布荷载，否则就是非均布荷载。

1.2 静力学公理

本节讲述了静力学中的 4 个公理，即二力平衡公理、作用与反作用公理、平行四边形法则和加减平衡力系公理。静力基本公理是人类经长期经验积累与总结，又经实践反复检验、证明是符合客观实际的普遍规律。它阐述了力的一些基本性质，是静力学的基础。

一 二力平衡公理

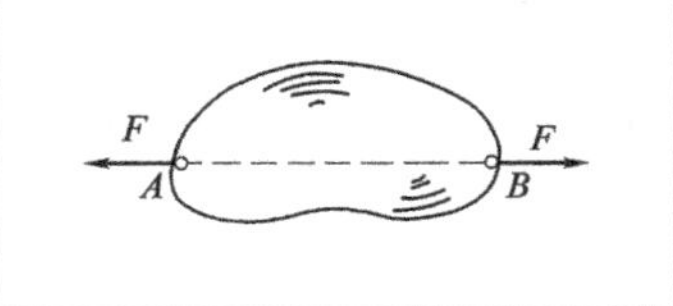

图 1-3 二力平衡

刚体在两个力作用下保持平衡的充分和必要条件是：**此两力大小相等，方向相反，作用在一条直线上**（二力平衡公理）。这个公理说明了刚体在两个力作用下处于平衡状态时应满足的条件（图 1-3）。

对于只受两个力作用而处于平衡的刚体，称为二力构件［图 1-4a)］。根据二力平衡条件可知：二力构件不论其形状如何，所受两个力的作用线必沿二力作用点的连线。若一根直杆只在两点受力的作用而处于平衡，则此两力作用线必与杆的轴线重合，此杆称为二力杆件。如图 1-4b）所示的三角支架中，忽略斜杆 AB 的重力，则 AB 在 A、B 两点受力而处于平衡。显然，A、B 两点的力必定大小相等，方向相反，作用在 A、B 两点的连线上，如图 1-4c）所示。

必须指出的是，二力平衡公理只适用于刚体，不适用于变形体。例如，绳索的两端受到大小相等、方向相反、沿同一条直线作用的两个压力时，是不能平衡的。

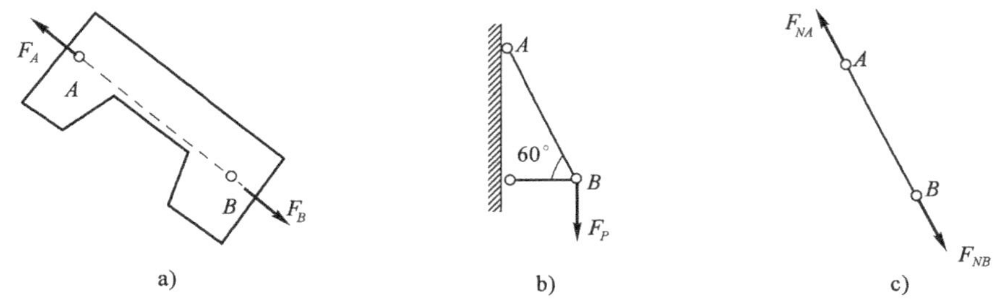

图 1-4 二力构件

二 作用与反作用公理

作用与反作用公理：两个物体间相互作用的一对力总是大小相等，方向相反，沿同一直线且分别作用在两个相互作用的物体上。

这个公理概括了任何两个物体间相互作用的关系，不论物体是处于平衡状态还是处于运动状态，也不论物体是刚体还是变形体，该公理都普遍适用。力总是成对出现的，有作用力必有反作用力。

例如，地面上有一个物体处于静止状态（图1-5），物体对地面有一个作用力 $\boldsymbol{F}'_N$，作用在地面上，而地面对物体也有一个反作用力 $\boldsymbol{F}_N$，作用在物体上，力 $\boldsymbol{F}'_N$ 和 $\boldsymbol{F}_N$ 大小相等，方向相反，沿同一条直线分别作用在地面和物体上，是一对作用力和反作用力。物体上作用的两个力 $\boldsymbol{G}$ 和 $\boldsymbol{F}_N$ 处于平衡，因此力 $\boldsymbol{G}$ 和 $\boldsymbol{F}_N$ 是一对平衡力。

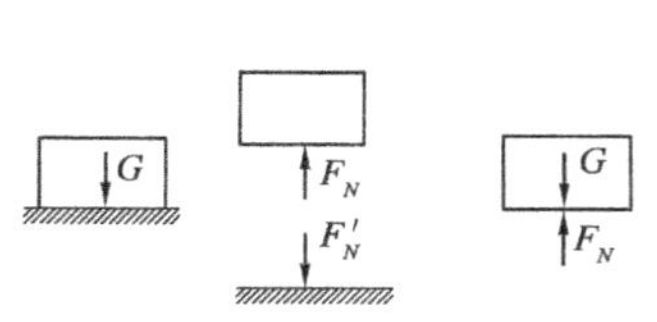

图 1-5 物体静止状态的受力图

需要强调的是，作用与反作用的关系与二力平衡条件有本质的区别：作用力和反作用力是分别作用在两个不同的物体上；而二力平衡条件中的两个力则是作用在同一个物体上，它们是平衡力。

三 平行四边形法则

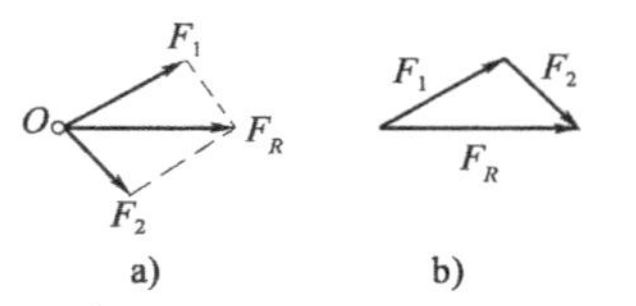

图 1-6 力的平行四边形法则和三角形法则

如图 1-6a）所示，作用于O点的两个力$\boldsymbol{F}_1$和$\boldsymbol{F}_2$，可以合成为一个合力$\boldsymbol{F}_R$，合力为以$\boldsymbol{F}_1$和$\boldsymbol{F}_2$为邻边所作的平行四边形的对角线，$\boldsymbol{F}_1$和$\boldsymbol{F}_2$称为合力$\boldsymbol{F}_R$的分力。

这就是**平行四边形法则，即作用于物体上同一点的两个力，可以合成为作用于该点的一个合力。**

合力的大小和方向可用这两个已知力为邻边所构成的平行四边形的对角线表示。

为了方便，求合力时只要作出平行四边形的一半即可，合力的作用点仍是原两个力的交汇点，如图 1-6b）所示。这种求合力的方法称为力的三角形法则。

四 加减平衡力系公理

作用于刚体的力系中，加上或去掉任何一个平衡力系，并不会改变原力系对刚体的作用效应（加减平衡力系公理）。**这是因为一个平衡力系作用在物体上，各力对刚体的作用效果相互抵消，可以进行力系的等效变换。**

推论：作用在刚体上的力可沿其作用线移动到刚体内任一点，而不改变该力对刚体的作用效果。这个推论称为力的可传性。如图 1-7a）所示，在物体A点上作用一力$\boldsymbol{F}$。在力的作用线上任取一点B，加上一个平衡力系$\boldsymbol{F}_1$和$\boldsymbol{F}_2$，并使$F_1=-F_2=F$［图 1-7b)］。由于$\boldsymbol{F}$和$\boldsymbol{F}_2$是一个平衡力系，可以去掉，所以只剩下作用在B点的力$\boldsymbol{F}_1$［图 1-7c)］。力$\boldsymbol{F}_1$和原力$\boldsymbol{F}$等效，就相当于把作用在A点的力$\boldsymbol{F}$沿其作用线移到B点。

力的可传性只适用于刚体，而不适用于变形体。因为，如果改变变形体所受力的作用点，则物体上发生变形的部位也将随之改变，这也就改变了力对物体的作用效果。

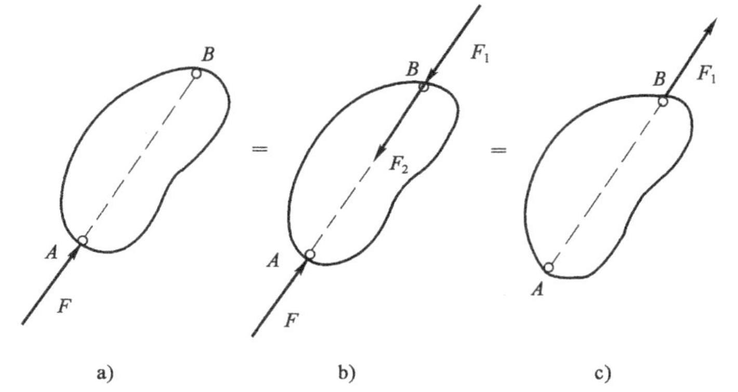

图 1-7 加减平衡力系

1.3 约束与约束反力

本节介绍了约束和约束反力的概念及类型，结合建筑结构中的支座分析了约束的特征，并将其简化为相应的约束类型。

一 约束与约束反力概念

在工程中，将能自由地向空间任意方向运动的物体称为自由体，如工人上抛的砖块，在空中自由飞行的飞机等。实际上，任何构件都受到与它相联系的其他构件的限制，而不能自由运动。例如，大梁受到柱子的限制，柱子受到基础的限制，桥梁受到桥墩的限制等。这些在空间某一方向运动受到限制的物体称为非自由体。

通常将限制物体运动的其他物体叫做约束。如上面所提到的柱子是大梁的约束，基础是柱子的约束，桥墩是桥梁的约束。

物体受到的力一般可分为两类：一类是使物体产生运动或运动趋势的力，称为主动力，例如重力、风压力、水压力、土压力等；另一类是约束对于被约束物体的运动起限制作用的力，称为约束反力，简称反力。约束反力的方向总是与约束所能限制的运动方向相反。例如，用一根绳索悬挂的重物，在其自重的作用下有沿垂方向向下运动的趋势，而绳对重物的约束反力的方向是垂直向上的。

通常主动力是已知的，约束反力则是未知的。因此，正确地分析约束反力是对物体进行受力分析的关键。现以工程上常见的几种约束来讨论约束反力的特征。

二 常见的约束类型及其反力

1 柔索约束

由绳索、链条、胶带等柔体构成的约束，都称为柔索约束。柔索只能承受较大的拉力，而不能承受压力和弯曲，即只能限制物体沿着柔索的中心线离开柔索的运动，而不能限制物体其他方向的运动。因此，柔索对物体的约束反力 $\boldsymbol{F}_T$ 通过接触点，其方向沿着柔索的中心线而背离物体，是拉力，如图 1-8 所示。

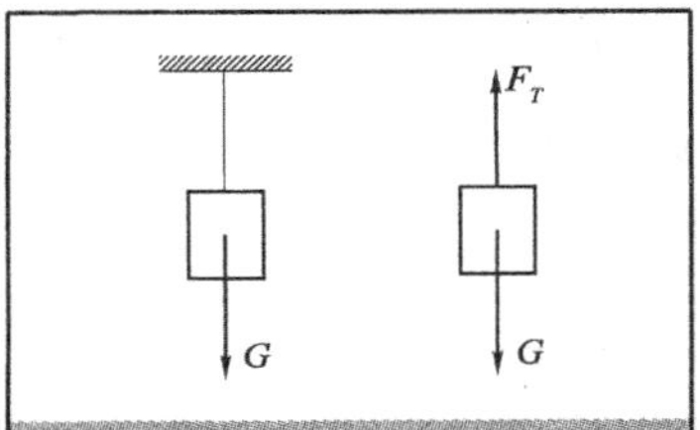

图 1-8 柔索约束

2 光滑面约束

当物体在接触处的摩擦力很小，即可以忽略不计时，两物体彼此形成的约束就是光滑面约束。因此，光滑面的约束反力是通过接触点，沿公法线方向指向被约束物体，是一个压力，常用矢量 $\boldsymbol{F}_N$ 表示，如图 1-9 所示。

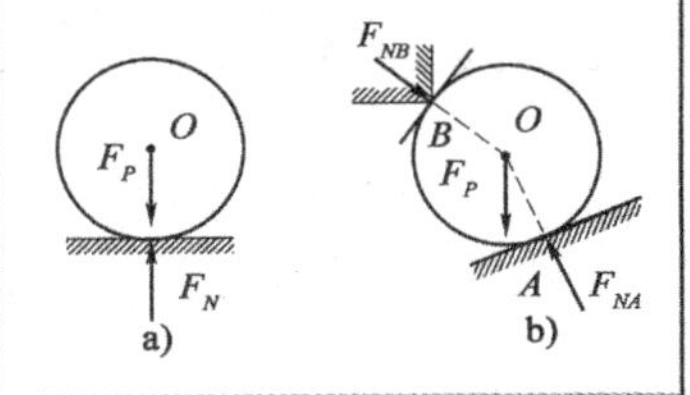

图 1-9 光滑面约束

实际生活中，理想的光滑面并不存在。当接触面的摩擦很小，在所研究的问题中可忽略时，可将接触面视为光滑面。

3 圆柱铰链约束

圆柱铰链约束简称铰链，门窗用的合页便是铰链的实例。圆柱铰链是由一个圆柱形销钉插入两个物体的圆孔中构成［图 1-10a)］，且认为销钉与圆孔的表面都是光滑的。圆柱铰链连接的力学简图如图 1-10b）所示。

根据圆柱铰链连接的构造，其约束特征是：当物体有运动趋势时，销钉与圆孔壁必将在某处接触，约束反力则一定通过这个接触点。由光滑面约束反力可知，销钉反力沿接触点与销钉中心的连线作用，但由于接触点随主动力而变，因此圆柱铰链的约束反力在垂直于销钉轴线的平面内，通过销钉中心，而方向未定。这种约束反力有大小和方向两个未知量，可用两个互相垂直的分力来表示［图 1-10c)］。

工程上应用铰链约束的装置有链杆约束、固定铰支座和可动铰支座。

（1）链杆约束

所谓链杆约束就是两端用销钉与物体相连且中间不受力（自重忽略不计）的直杆。这种约束只能限制物体沿着链杆中心线运动，指向未定。链杆的力学简图及其反力如图 1-11 所示。

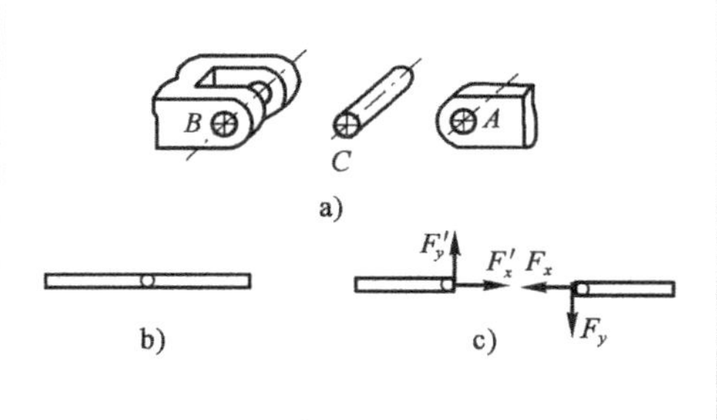

图 1-10 圆柱铰链约束

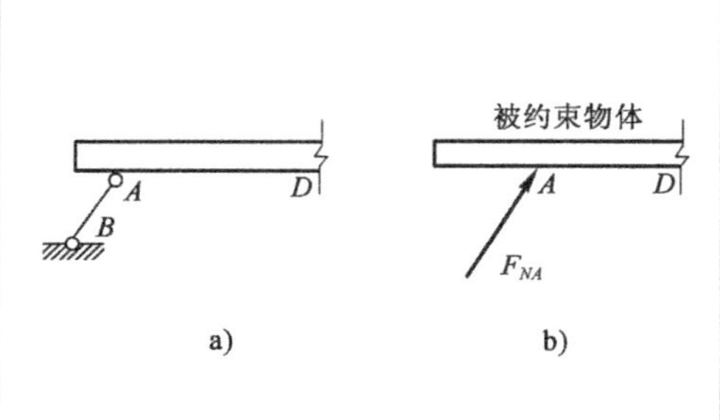

图 1-11 链杆约束

（2）固定铰支座

用圆柱铰链连接的两个构件中，如果有一个固定不动，就构成固定铰支座。这种支座能限制构件沿圆柱销半径方向的移动，而不能限制其转动，其约束反力与圆柱铰链相同。固定铰支座的简图及其反力如图 1-12 所示。

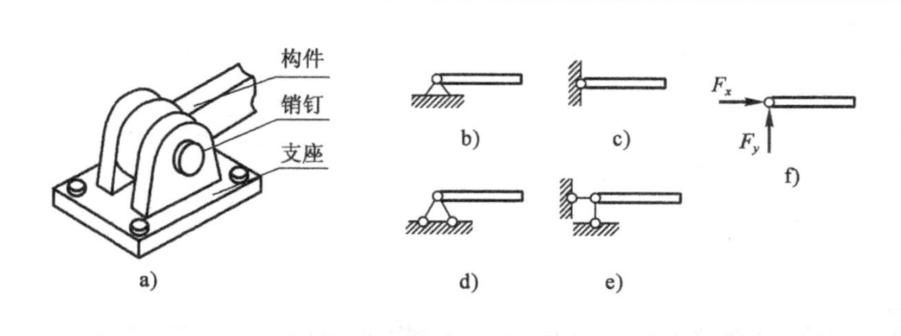

图 1-12 固定铰支座

(3) 可动铰支座

将铰链支座用 n 个辊轴支承在水平面上即构成可动铰支座，如图 1-13a) 所示。这种支座不能限制被支承构件绕销钉的转动和沿支承面方向的运动，而只能阻止构件在垂直于支承面方向向下运动。在附加特殊装置后，也能阻止其向上运动。因此，可动铰支座的约束反力垂直于支承面且通过销钉中心，其大小和方向待定。这种支座的计算简图和约束反力如图 1-13b) 所示。

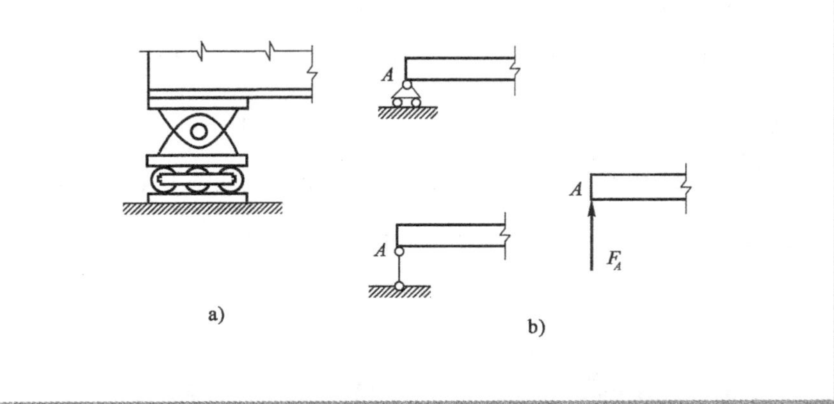

图 1-13 可动铰支座

(4) 固定端支座

如房屋建筑中的挑梁［图 1-14a)］，它的一端嵌固在墙壁内，墙壁对挑梁的约束，既限制它沿任何方向移动，又限制它的转动，这样的约束称为固定端支座。它的构造简图如图 1-14b) 所示，计算简图如图 1-14c) 所示。由于这种支座既限制构件的移动，又限制构件的转动，所以，它除了产生水平和竖向约束反力外，还有一个阻止转动的约束反力偶，如图 1-14d)

所示。

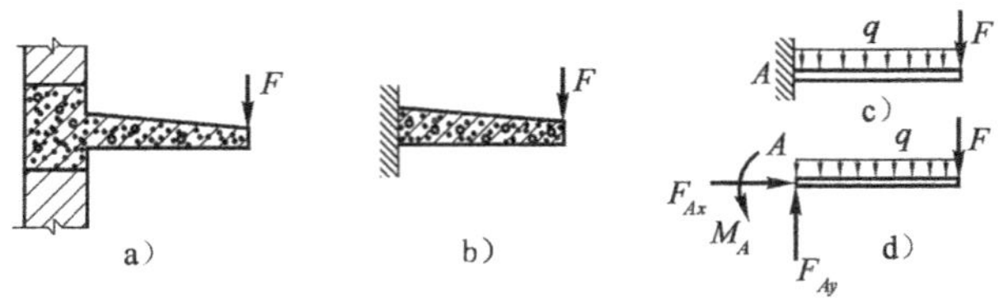

图 1-14 固定端支座

*三 建筑结构中支座的力学模型分析

结构构件与其支承物间的连接装置称作支座。支座可以根据实际构造和约束特点分为可动铰支座、固定铰支座、固定端支座 3 种。

1 可动铰支座——桥梁与桥墩的连接

在大型桥梁上经常用到如图 1-15a）所示的这种辊轴支座，它是用几个辊轴承托一个铰装置，并用预埋件在 4 个角点与基础联系而成。工程结构上有些支座并不像辊轴支座那样典型，如图 1-15b)、c）所示的桥梁与桥墩分别是通过固定在梁上和墩上的两块铁板相互压紧接触，虽然看上去与辊轴支座不同，但是从约束所能限制的相对运动来看，两者具有相同的约束特征。它们都可以简化为图 1-15d）所示的可动铰支座。

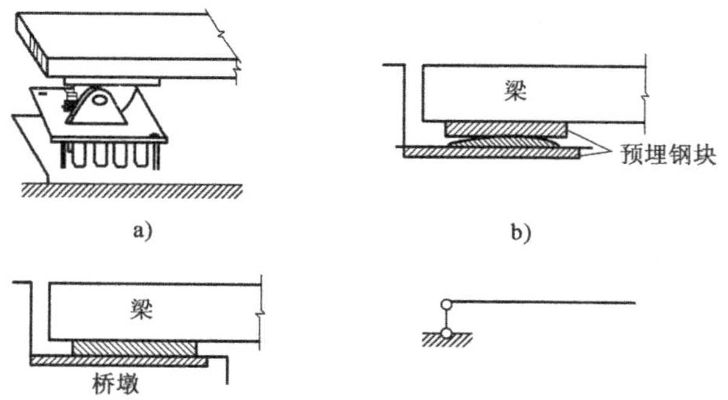

图 1-15 桥梁与桥墩的连接

2 固定铰支座——结构与基础的连接装置

如图 1-16a）所示钢筋混凝土柱插入杯形基础中后，若用沥青麻刀填缝时，则柱相对基础可以发生微小的转动，但不会有水平和竖直方向的移动。图 1-16b）所示的柱子与基础之间的连接，因为它们在连接处所布钢筋很少，不足以抵抗转动。对于图 1-16a）和图 1-16b）所示的支座都可简化为图 1-16c）所示的固定铰支座。由此可见，固定铰支座是将结构与基础用铰连接起来的装置，它只能阻止结构在支座处任意方向的移动，但允许绕铰发生转动。

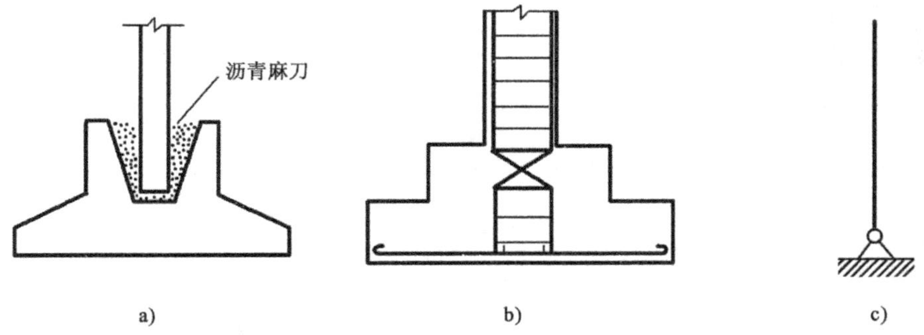

图 1-16 结构与基础的连接装置

3 固定端支座——构件与基础的连接

固定端支座是构件深埋或牢固地嵌入基础内部支座的约束，构件在支座处的任意方向移动和转动都受到了限制。图 1-17a）所示为钢筋混凝土柱与基础现浇在一起；图 1-17b）所示的钢筋混凝土柱虽然与基础不是现浇，但柱子与杯形基础之间用细石混凝土紧密填实，则柱的下端是不能转动的；另外，图 1-17c）所示的钢柱与基础用地脚螺栓连接，足以抵抗转动。对于图 1-17a）～图 1-17c）中的支座都可以简化为图 1-17d）所示的固定端支座。

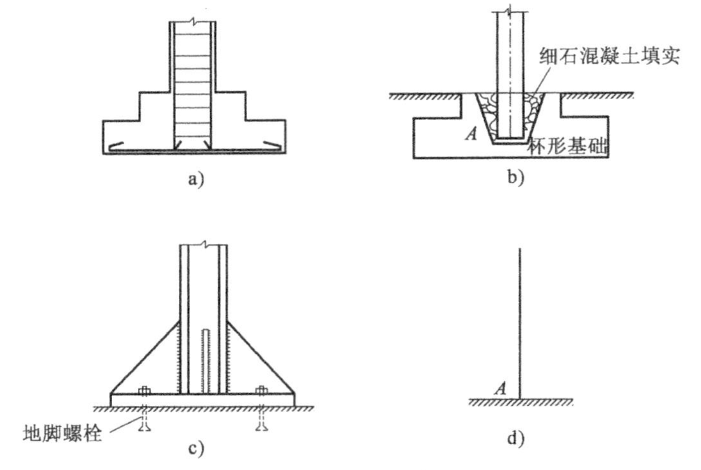

图 1-17 构件与基础的连接

1.4 受 力 图

本节主要以大量实例讲述了单个物体、物体系统的受力图的画法，此为力学计算的基础。

在工程实际中，为了进行力学计算，首先要对物体进行受力分析，即分析物体受了哪些力的作用，哪些是已知的，哪些是未知的，每个力的作用位置和力的作用方向，这个分析过程称为物体的受力分析。

为了清晰地表示物体的受力情况，我们把需要研究的物体从周围物体中分离出来，单独画出它的简图，这个步骤叫做取研究对象。被分离出来的研究对象称为分离体。在研究对象上画出它受到的全部作用力（包括主动力和约束反力）。这种表示物体的受力情况的简明图形称为受力图。正确地画出受力图是解决力学问题的关键，是进行力学计算的依据。

一 单个物体的受力图

在画单个物体受力图之前，先要明确研究对象，再根据实际情况，弄清与研究对象有联系的是哪些物体，这些和研究对象有联系的物体就是研究对象的约束，然后根据约束性质，用相应的约束反力来代替约束对研究物体的作用。经过这样的分析后，就可画出单个物体的受力图。其一般步骤是：先画出研究对象的简图，再将已知的主动力画在简图上，最后在各相互作用点上画出相应的约束反力。

【例 1-1】 自重为 $\boldsymbol{G}$ 的球，用绳索系住并靠在光滑的斜面上，如图 1-18a）所示。试画出球的受力图。

解： 以球为研究对象，将它单独画出来。与球有联系的物体有地球、光滑斜面及绳索 。地球对球的吸引力就是重力 $\boldsymbol{G}$，作用于球心并铅垂向下；光滑斜面对球的约束反力是 $\boldsymbol{F}_{NB}$，它通过切点 B 并沿公法线指向球心；绳索对球的约束反力是 $\boldsymbol{F}_{TA}$，它通过接触点 A 沿绳的中心线而背离球。球的受力图如图 1-18b）所示。

【例 1-2】 图 1-19a）中的梯子 AB 重为 $\boldsymbol{G}$，在 C 处用绳索拉住，A、B 处分别搁在光滑的墙及地面上。试画出梯子的受力图。

解： 以梯子为研究对象，将其单独画出。作用在梯子上的主动力是已知的重力 $\boldsymbol{G}$，$\boldsymbol{G}$ 作用在梯子的中点，铅垂向下；光滑墙面的约束反力是 $\boldsymbol{F}_{NA}$，它通过接触点 A，垂直于梯子并指向梯子；光滑地面的约束反力是 $\boldsymbol{F}_{NB}$，它通过接触点 B，垂直于地面并指向梯子；绳索的约束反力是 $\boldsymbol{F}_{TC}$，其作用于绳索与梯子的接触点 C，沿绳索中心线，背离梯子。梯子的受力图如图 1-19b）所示。

【例 1-3】 AB 梁自重不计，其支承和受力情况如图 1-20a）所示，试画出梁的受力图。

解： 以梁为研究对象，将 A、B 两处约束解除，单独画出简支梁 AB。作用在梁上的主动力是已知力 $\boldsymbol{F}_P$。A 端是固定铰支座，其约束反力 $\boldsymbol{F}_A$ 的大小和方向未知，如图 1-20b）所示，也可用两个互相垂直的分力 $\boldsymbol{F}_{Ax}$、$\boldsymbol{F}_{Ay}$ 表示，如图 1-20c）所示；B 端为可动铰支座，其反力是与支承面垂直的 $\boldsymbol{F}_B$，指向不定，因此可任意假设指向上方（或下方）。

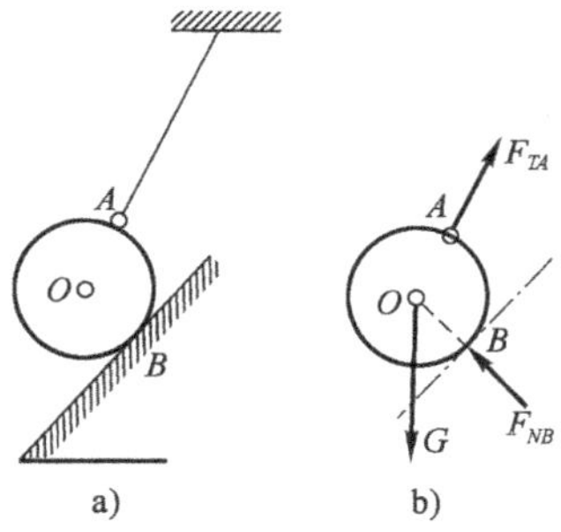

图 1-18　球的受力图

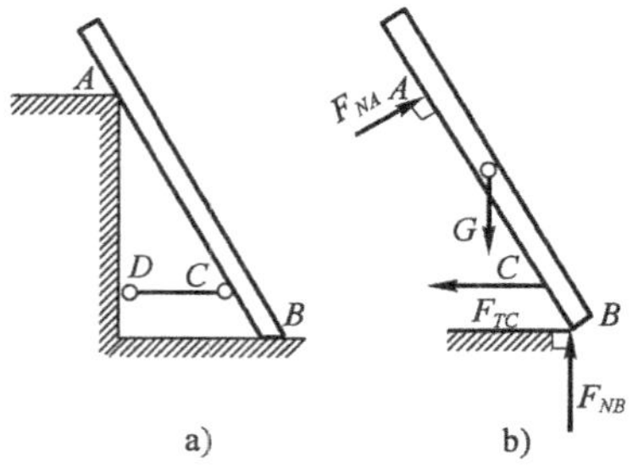

图 1-19　梯子的受力图

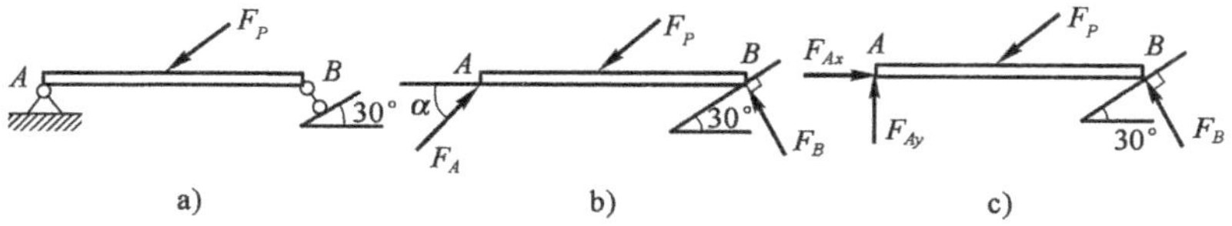

图 1-20　梁的受力图

【例 1-4】 三角支架各杆自重不计。已知受力如图 1-21a）所示，试画出销 B、AB 杆、BC 杆的受力图。

解： 研究对象为销钉 B，解除两杆的约束将其单独画出如图 1-21b）所示，先画已知力 $\boldsymbol{F}_P$，再画出 AB 杆对销钉 B 的拉力 $\boldsymbol{F}_{NAB}$ 和 BC 杆对销钉 B 的约束反力 $\boldsymbol{F}_{NBC}$。因为 AB、BC 两杆分别为二力杆件，受力如图 1-21c）、d）所示。$\boldsymbol{F}_{NAB}$、$\boldsymbol{F}_{NBC}$ 的指向不能确定时，可任意假设画出。

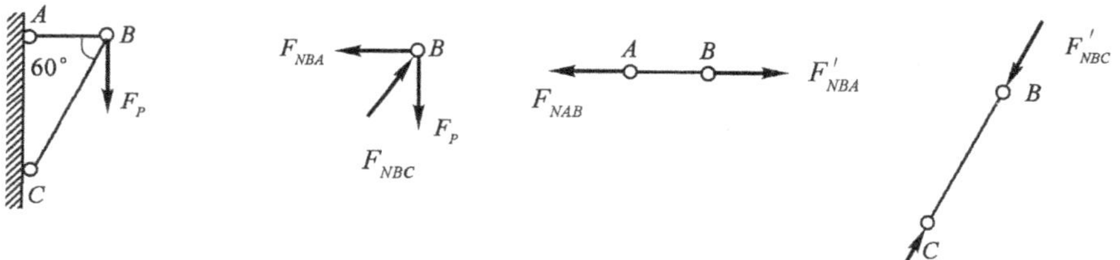

图 1-21　三角支架的受力图

*二 物体系统的受力图

物体系统受力图的画法与单个物体的受力图画法基本相同，区别只在于所取的研究对象是由两个或两个以上的物体联系在一起的物体系统。研究时，只需将物体系统看做一个整体，在其上画出主动力和约束反力，注意物体系统内各部分之间的相互作用力属于作用力和反作用力，其作用效果互相抵消，可不画出来。

【例 1-5】 已知两跨静定梁如图 1-22a）所示。试分别画出 ABC 段、CD 段和整体 $ABCD$ 的受力图。

解：（1）将整体拆开，把 ABC 段分离出来，单独画出 ABC 杆。已知均布荷载按照原分布情况在 BC 段画出支座 A 为固定铰支座，按未知的一对约束反力画出，指向假定。B 处为链杆约束，有一个约束反力沿链杆，指向假定。C 处为圆柱形铰链约束，是一对未知的垂直约束反力，指向假定。ABC 段受力如图 1-22a）所示。

（2）将 CD 杆从整体中分离出来，单独画出 CD 杆。已知均布荷载按照原分布情况原位置画出。C 处为圆柱形铰链约束，是一对未知的垂直约束反力，其指向应符合作用力与反作用力的关系。箭头指向应与 ABC 段的 C 点约束反力箭头指向相反。D 点为链杆约束，有一沿链杆的约束反力，指向假定，受力图如图 1-22c）所示。

当需要把整体拆开分别取研究对象作受力图时，要注意各部分间相互连接处的作用力与反作用力的关系，且不要把已知的主动力漏画或错画。当图 1-22c）中铰链 C 点处的约束反力 $\boldsymbol{F}_{Cx}$ 与 $\boldsymbol{F}_{Cy}$ 假定后，在图 1-22b）中铰链 C 点处约束反力就应根据作用力与反作用力的关系画出，而不能另行假定。

（3）取整体 $ABCD$ 为研究对象，解除约束画出其 $ABCD$ 杆，注意要画出各点的铰。先按原状画已知均布荷载 $\boldsymbol{q}$，再按约束类型画出 A、B、D 三处的约束反力，如图 1-22d）所示。C 处铰链之间的约束反力属于物体系统内部的相互作用力，其作用效果互相抵消，因此不必画出来。在作整体的受力图时，不要画内力（内力即物体系中各个物体之间相互的作用力），而只画作用于整体上的所有外力，即主动力与约束反力。

应该强调的是，均布荷载应如图 1-22b)、c) 所示。均布荷载必须按实际分布情况在受力图上表示出来，不能用其合力来代替。若将分布荷载当作一集中力作用于铰链 C 点处，则拆开画受力图时，无论此集中力画在哪一部分的 C 点上都是错误的。当约束反力的方向不能确定时，可先假设它的方向，如图 1-22c) 中 $\boldsymbol{F}_{Cx}$ 与 $\boldsymbol{F}_{Cy}$ 的方向就是假设的。

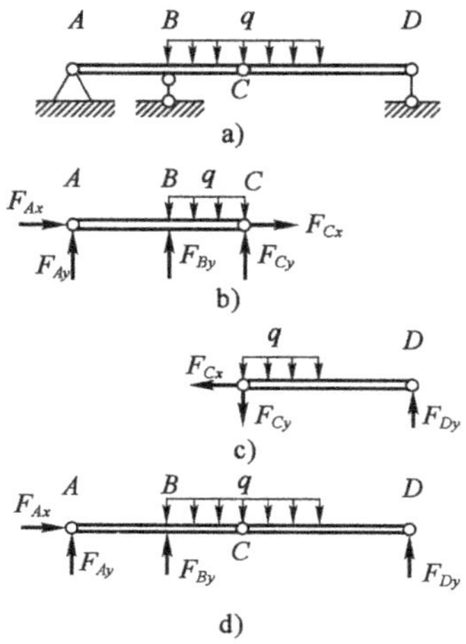

图 1-22 两跨静定梁

【例 1-6】 三铰拱 ACB 受已知力 $\boldsymbol{F}_P$ 的作用，如图 1-23a) 所示，若不计三铰拱的自重，试画出 AC、BC 和整体（AC 和 BC 一起）的受力图。

解：(1) 画 AC 的受力图。取 AC 为研究对象，由 A 处和 C 处的约束性质可知其约束反力分别通过两铰中心 A、C，大小和方向未知。但因为 AC 上只受 $\boldsymbol{F}_{RA}$ 和 $\boldsymbol{F}_{RC}$ 两个力的作用且平衡，它是二力构件，所以 $\boldsymbol{F}_{RA}$ 和 $\boldsymbol{F}_{RC}$ 的作用线一定在一条直线上（即沿着两铰中心的连线 AC），且大小相等，方向相反，其指向是假定的，如图 1-23b) 所示。

(2) 画 BC 的受力图。取 BC 为研究对象，作用在 BC 上的主动力是已知力 $\boldsymbol{F}_P$。B 处为固定铰支座，其约束反力是 $\boldsymbol{F}_{Bx}$ 和 $\boldsymbol{F}_{By}$。C 处通过铰链与 AC 相连，由作用和反作用关系可以确定 C 处的约束反力是 $\boldsymbol{F}_{RC}'$，它与 $\boldsymbol{F}_{RC}$

大小相等，方向相反，作用线相同。BC 的受力图如图 1-23c）所示。

（3）画整体的受力图。将 AC 和 BC 的受力图合并，即得整体受力图，如图 1-23d)所示。

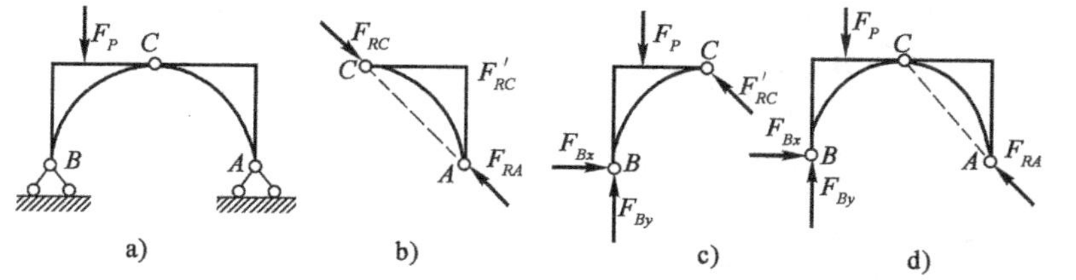

图 1-23 三铰拱

通过以上各例的分析，画受力图的步骤可归纳如下：

（1）明确研究对象。即明确要画哪个物体的受力图，然后将与它相联系的一切约束（物体）去掉，单独画出其简单轮廓图形。注意：既可取整个物体系统为研究对象，也可取物体系统的某个部分作为研究对象。

（2）先画主动力。指重力和已知外力。

（3）再画约束反力。约束反力的方向和作用线一定要严格按约束类型来画，约束反力的指向不能确定时，可以假定，但要注意二力构件一定要先确定。

（4）检查。不要多画、错画、漏画了力。注意作用与反作用关系。作用力的方向一旦确定，反作用力的方向必定与它相反，不能再随意假设。此外，在以几个物体构成的物体系统为研究对象时，系统中各物体间成对出现的相互作用力不需画出来。

单元小结

1. 静力学基本公理

（1）二力平衡公理。物体受两个力作用而处于平衡状态的条件是：这两个力的大小相等、方向相反，作用在一条直线上。

（2）作用与反作用公理。两个物体间的作用力和反作用力总是同时存在，它们大小相等，方向相反，沿同一直线分别作用在两个物体上。

(3) 平行四边形法则。作用于物体上同一点的两个力，可以合成为作用于该点的一个合力。

(4) 加减平衡力系公理。在作用于刚体的力系中，加上或去掉任何一个平衡力系，并不会改变原力系对刚体的作用效应。

2. 常见的约束类型及约束与约束反力

(1) 常见的约束类型如下：

①柔索约束。例如绳索、皮带、链条等构成的约束。柔索约束只产生沿着索线方向的拉力。

②光滑面约束。约束与被约束物刚性接触，忽略接触面的摩擦。这种接触约束的约束力沿着两接触面的公法线方向，恒为压力。

③圆柱铰链约束。由圆孔和销钉构成的约束，它只提供一个方向不确定的约束力，该约束力也可以分解为互相垂直的两个分力。

④固定端约束。与被约束物连接较为牢固，约束物不允许被约束物在约束处有任何相对运动（包括移动和转动）。固定端约束有未知的两个互相垂直的约束分力和一个未知的约束反力偶。

(2) 约束与约束反力。即阻碍物体运动的限制物。约束阻碍物体运动趋向的力，称为约束反力。约束反力的方向根据约束的类型来确定，它总是与约束所能阻碍物体的运动方向相反。

3. 受力图的画法及步骤

物体的受力分析是将物体从系统中隔离出来：根据约束的性质分析约束力，并应用作用与反作用定理分析隔离体上所受各力的位置、作用线及可能方向；画出受力图。

(1) 根据题意选取研究对象，用尽可能简明的轮廓单独画出，即取分离体。

(2) 画出该研究对象所受的全部主动力。

(3) 在研究对象上所有原来存在约束(即与其他物体相接触和相连)

的地方，根据约束的性质画出约束反力。对于方向不能预先独立确定的约束反力（例如圆柱铰链的约束反力），可用互相垂直的两个分力表示，指向可以假设。

(4) 有时可根据作用在分离体上的力系特点，如利用二力平衡时共线等理论，确定某些约束反力的方向，简化受力图。

4. 画受力图时的注意事项

(1) 当选取的分离体是互相有联系的物体时，同一个力在不同的受力图中用相同的方法表示；同一处的一对作用力和反作用力，分别在两个受力图中表示成相反的方向。

(2) 画作用在分离体上的全部外力，不能多画也不能少画。内力一律不画。除分布力代之以等效的集中力、未知的约束反力可用它的正交分力表示外，所有其他力一般不合成、不分解，并画在其真实作用位置上。

问题解析

1. 力的三要素

(1) 力的三要素是：力的大小、方向、作用点。

(2) 力的单位：国际单位为“牛顿”，符号为“N”。

2. 作用与反作用公理

作用与反作用公理可表述为：两个物体之间的作用力和反作用力总是大小相等、方向相反、作用在一条直线上，且分别作用在两个物体上。

(1) 物理意义：进一步阐述了相互作用的物体间的作用力和反作用力的关系。

(2) 明确“三个一样”、“两个不一样”：“三个一样”是指作用力与反作用力大小一样，力的性质一样，力产生和消失的时刻及变化情况一样。“两个不一样”是指作用力和反作用力方向不一样，作用对象即受力物体不一样。

（3）对公理的理解：力是物体间的相互作用，把相互作用的两个力中的哪个称为作用力、哪个称为反作用力并不是绝对的，其中一个叫作用力，另一个力就叫反作用力。

作用力和反作用力总是大小相等、方向相反，作用在同一直线上，这种关系与物体处于何种运动状态以及物体间的作用力是否变化均无关。

作用力和反作用力分别作用在两个不同的物体上，各自分别对两个物体产生作用效果，绝对不能相互抵消，彼此不能平衡。

3. 受力分析的方法口诀

物体的受力分析方法是同学们学习力学的基础，同学们如果跨不过这一道门槛，工程力学的学习将很难过关。物体的受力分析真的很难吗？回答是如果掌握了正确的方法就不难。什么是正确的受力分析方法呢？

请记住并理解如下口诀：受力分析并不难，掌握方法是关键。确定对象先分离，已知外力画上面。接触点、面要找全，二力杆件定正确。柔体约束是拉力，光滑面约束压力显。铰链约束正交力，特殊情形要记住。铰链支座有两种，链杆反力沿杆线。固定端反力有三，反力偶加正交力。分离体上力画全，踏过门槛笑开颜。

思考与练习

1. 什么是集中荷载和均布荷载？

2. 请列举一个二力构件并说明二力平衡公理。

3. 画受力图时要注意哪些问题？

4. 试画出图1-24中各物体的受力图。假定各接触面都是光滑的，未注明重力的物体都不计自重。

5. 试作图1-25中各梁的受力图，梁的自重不计。

6. 试作图1-26所示刚架的受力图，结构自重不计。

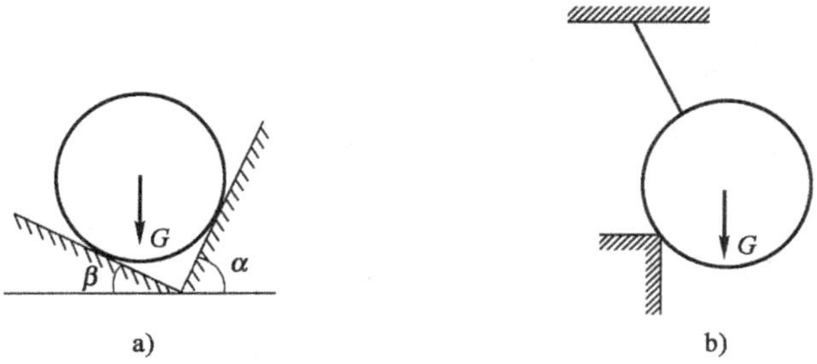

图 1-24　物体

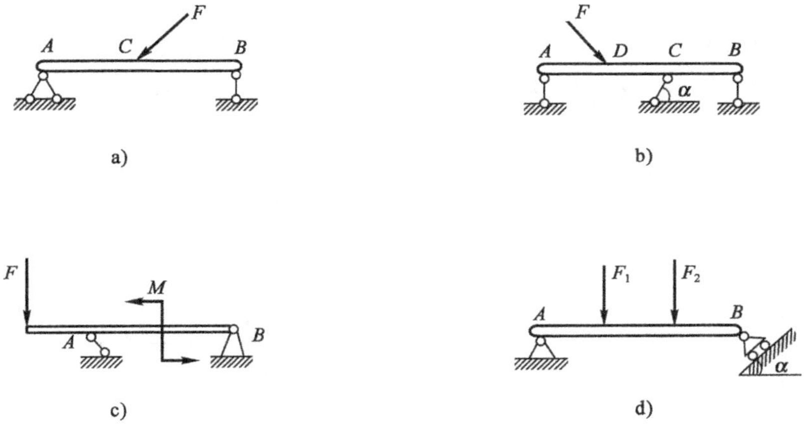

图 1-25　梁

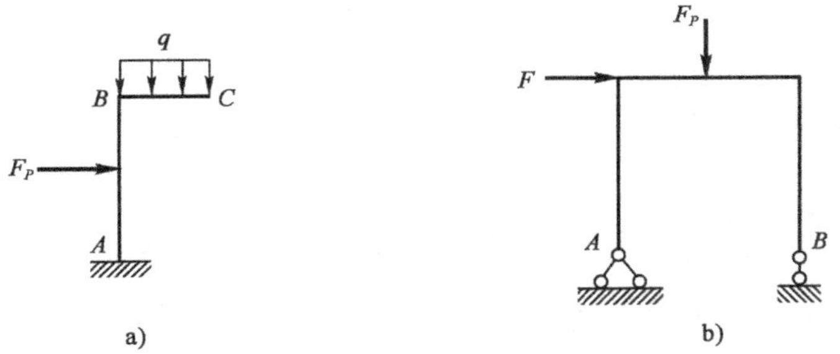

图 1-26　刚架

7. 试分别作出图 1-27 三角支架中销钉和两杆的受力图。

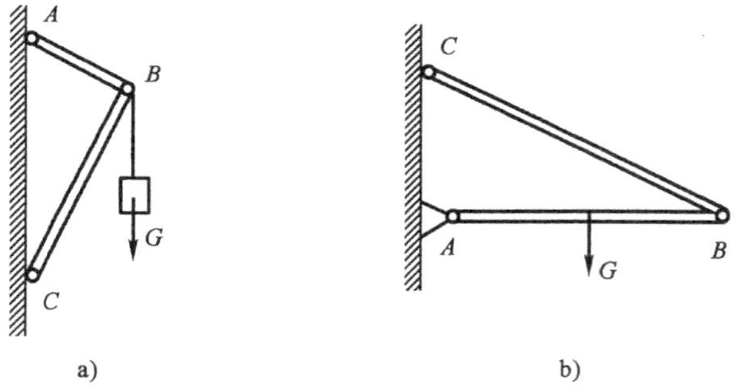

图 1-27　三角支架

8. 作图 1-28 所示结构指定部分的受力图，自重不计。a）AB、CD 和整体；b）AB、BC 和 ACB 整体；c）AC 杆、BD 杆和 $ACDE$ 整体；d）AC、BC 和 ACB 整体。

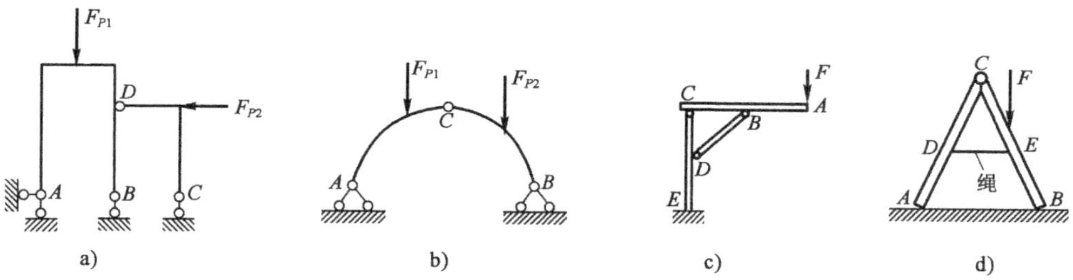

图 1-28　结构

学习项目

以小组为单位，选取某座斜拉桥为研究对象，介绍该桥的结构组成并对斜拉桥的索塔和拉索进行受力分析。填写学习任务单，完成一篇自拟题目的报告。斜拉桥的简图和照片见图 1-29，以供参考。要求：利用课余时间，两周内完成。

两跨式斜拉桥的L_2/L为0.50~1.0

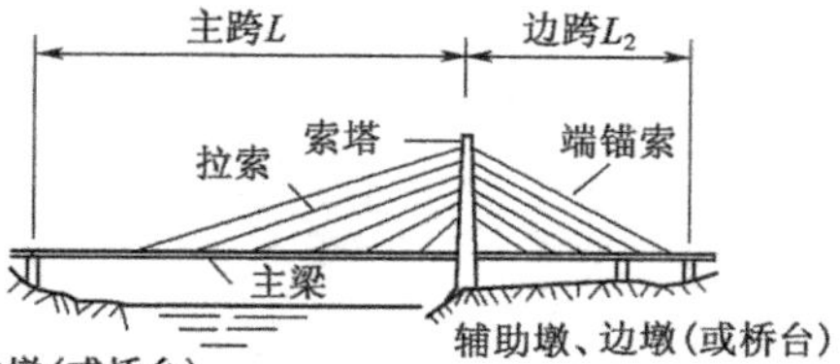

a)

b)

图 1-29　斜拉桥

学 习 任 务 单

主　　题	自拟：
小组成员与分工	组长________ 网络信息收集________ 图书资料查找________ 撰写论文报告________ 实地考察记录________ 实地拍照________ 资料整理________ 咨询导师________ 其他________

续上表

研究目的	了解斜拉桥的历史与发展□　明确斜拉桥的受力特点□　欣赏斜拉桥的艺术美□　激发专业兴趣□　增加学习力学的兴趣□
研究内容	斜拉桥的类型与结构组成□　世界上 10 座著名的斜拉桥□　斜拉桥的发展趋势□　长江上的斜拉桥统计□　斜拉桥的受力特点□　索塔的受力特点□　拉索的受力特点□　拉索的制作材料□　斜拉桥的施工工艺□ 其他：______________________________
研究方法	实地考察法□　问卷调查法□　集体研讨法□　访谈法□　统计法□　搜索网络信息□　收集图书资料□
研究成果形式	论文□　报告□　图片□　PPT 课件□　图纸□　模型□
学习效果自评	团队合作□　工作效率□　交流沟通能力□　获取信息能力□　写作能力□　表达能力□ （根据小组完成任务情况填写 A：优秀；B：良好；C：合格；D：有待改进）

自我检测

一、填空题

1. 力对物体的作用效果取决于力的__________、__________和__________三个要素。

2. 荷载按作用的范围大小分为__________和__________。

3. 在两个力的作用下处于平衡的构件称为________________，此两力的作用线必过这两力作用点的________________。

4. 工程中常见的约束有柔体约束、______________约束、光滑圆柱铰链约束、__________约束、固定铰链约束、__________约束和__________约束。

5. 画受力图的一般步骤是，先确定________________，然后画主动力和约束反力。

二、选择题

1. 以下几种构件的受力情况中，属于分布力作用的是（　　）。

A. 自行车轮胎对地面的压力

B. 楼板对屋梁的作用力

C. 车削工件时，车刀对工件的作用力

D. 桥墩对主梁的支持力

2. “二力平衡公理”和“力的可传性原理”适用于（　　）。

A. 任何物体

B. 固体

C. 弹性体

D. 刚体

3. 光滑面对物体的约束反力，作用在接触点处，其方向沿接触面的公法线（　　）。

A. 指向受力物体，为压力

B. 指向受力物体，为拉力

C. 背离受力物体，为拉力

D. 背离受力物体，为压力

三、简答题

试指出图 1-30 各结构中的二力构件。

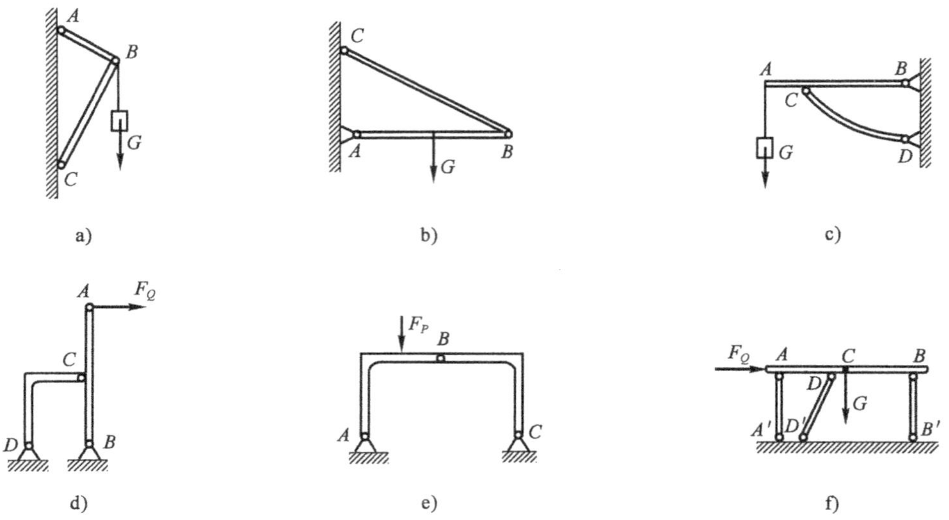

图 1-30　二力构件

单　元　2

平面力系的平衡

学习目标

1. 会用平行四边形法则将力进行分解，并计算力的投影；
2. 能解释力矩、力偶的概念及性质；
3. 会计算集中力与线分布荷载的力矩；
4. 能叙述平面一般力系的平衡条件；
5. 能用平衡方程计算简单的平衡问题；
6. 能够计算单跨梁的支座反力。

读一读 吊装作业中平衡梁的种类和技术特性

平衡梁又称横吊梁或扁担梁，是一种在吊装作业中能平衡两套或两套以上索具受力的装置。常见的平衡梁有支撑式［图 2-1a)］和扁担式［图 2-1b)］两种，图 2-1c）为各种平衡梁实物图。支撑式平衡梁吊索较长，主要用于形体较长的物件，也可以用于吊件的空中翻转作业。扁担式平衡梁吊索较短，多用于吊装大型构件，如屋架、桁架等。在实际施工中，起吊超长超宽的钢筋构件时，常采用平衡梁装置，图2-2为工地起重机起吊工作图，图 2-3 为预应力屋架采用平衡梁四吊点绑扎起吊示意图。

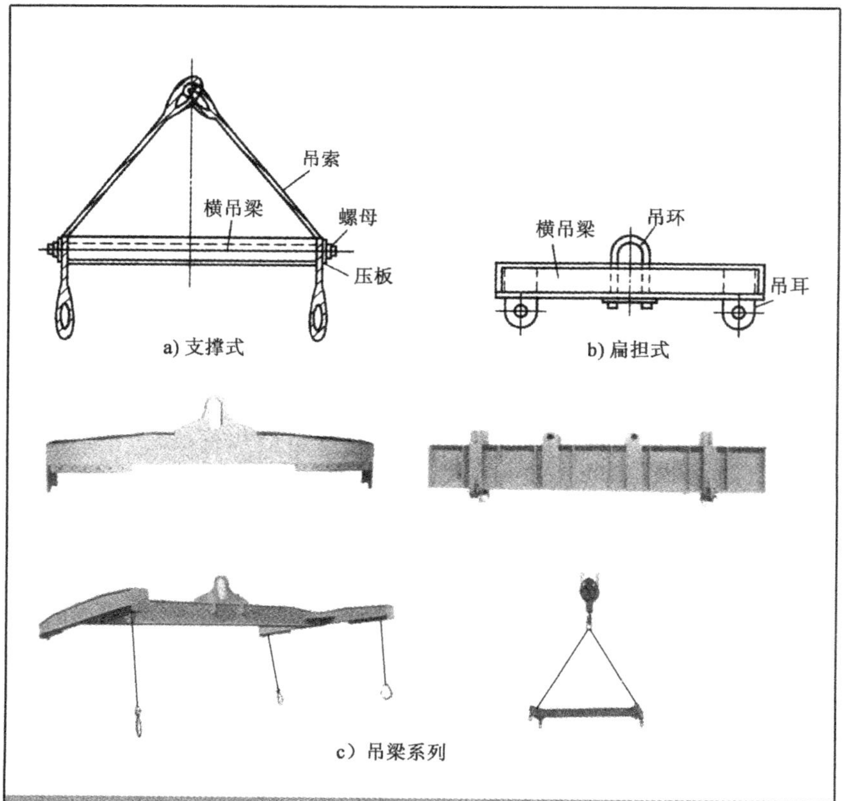

图 2-1 常见的平衡梁

平衡梁的作用如下：

（1）当设备或构件长而大，且又不允许受纵向水平分力时，用以承受由于吊索倾斜所产生的水平分力，减少吊装时重物所受的压力。

图2-2 工地起重机起吊工作图

(2) 在大型精密设备吊装中，用以将钢丝绳撑开，防止设备磨损。

(3) 多机抬吊时，平衡各台起重机的受力，合理分配荷载。

(4) 采用平衡梁吊装使被吊装的大型金属结构和组合件受力合理，减少设备变形等，相当于对其进行补强。

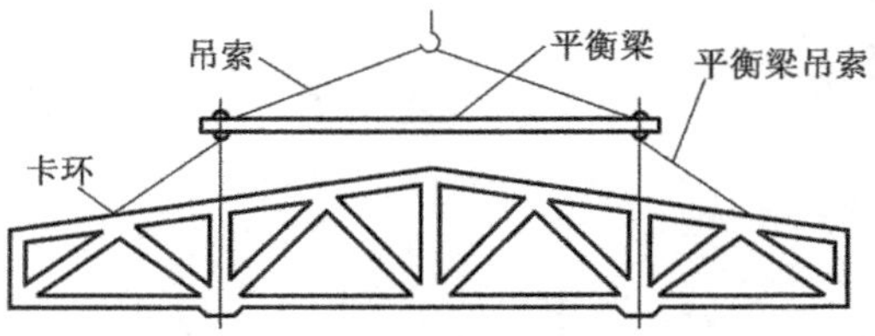

图2-3 预应力屋架采用平衡梁四吊点绑扎起吊示意图

平衡梁使用的注意事项如下：

(1) 平衡梁的制作和选取必须根据所吊物件的质量、大小、形状、结构和工作条件等来确定，不能随意选用。

(2) 平衡梁通常与吊索配合使用。作业时，吊索与平衡梁的水平夹角不能过小，一般应控制在45°～60°，以免因水平分力过大，使平衡梁产生变形。

(3) 当吊索与平衡梁的水平夹角较小时，应用卸扣将挂在吊机吊钩上的两绳圈固定在一起，以防止吊索脱钩。同时，应对平衡梁和绳索进行复核验算。

摘自《起重工长》机械工业出版社，2007 年版第 117 页。

议一议

1. 作出图 2-3 中的平衡梁在考虑自重的情况下的受力图。

2. 为什么吊索与平衡梁的水平夹角一般应控制在 45°～60°？

2.1 力的投影

本节主要讲述了力在直角坐标轴上的投影及其计算公式。

一 力在直角坐标轴上的投影

如图 2-4 所示，设力 $\boldsymbol{F}$ 从 A 指向 B。在力 $\boldsymbol{F}$ 的作用平面内取直角坐标系 xOy，从力 $\boldsymbol{F}$ 的起点 A 及终点 B 分别向 x 轴和 y 轴作垂线，得交点 a、b 和 a_1、b_1，并在 x 轴和 y 轴上得线段 ab 和 a_1b_1。线段 ab 和 a_1b_1 的长度加正号或负号，叫做 $\boldsymbol{F}$ 在 x 轴和 y 轴上的投影，分别用 F_x、F_y 表示。即

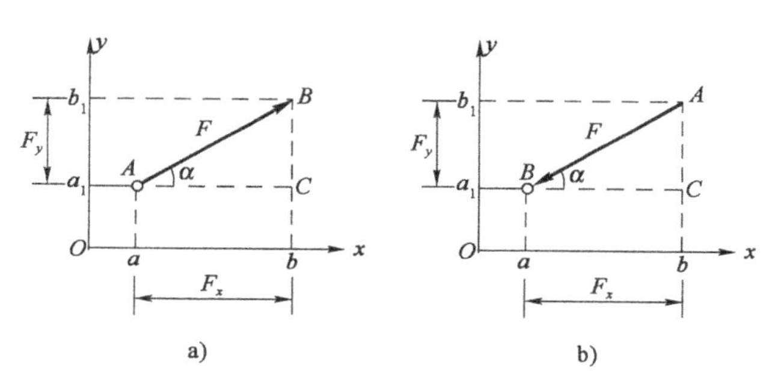

图 2-4 力在直角坐标轴上的投影

$$F_x = \pm ab = \pm F\cos\alpha$$

$$F_y = \pm a_1b_1 = \pm F\sin\alpha$$

投影的正负号规定如下：从投影的起点 a 到终点 b 与坐标轴的正向一致时，该投影取正号；与坐标轴的正向相反时，取负号。因此，力在坐标轴上的投影是代数量。

$$F_x = F\cos\alpha \quad 或 \quad F_x = -F\cos\alpha$$

$$F_y = F\sin\alpha \quad 或 \quad F_y = -F\sin\alpha$$

当力与坐标轴垂直时，力在该轴上的投影为零；当力与坐标轴平行时，其投影的绝对值与该力的大小相等。

如果 $\boldsymbol{F}$ 在坐标轴 x、y 上的投影 F_x、F_y 为已知，则由图 2-4 中的几何关系可以确定力 $\boldsymbol{F}$ 的大小和方向，即

$$\left.\begin{aligned} F &= \sqrt{F_x^2 + F_y^2} \\ \tan\alpha &= \left|\frac{F_y}{F_x}\right| \end{aligned}\right\} \qquad (2\text{-}1)$$

式中：α——力 $\boldsymbol{F}$ 与 x 轴所夹的锐角。

力 $\boldsymbol{F}$ 的具体指向由两投影正、负号来确定。

二 计算力的投影

【例 2-1】 已知 $F_1=100\text{N}$，$F_2=150\text{N}$，$F_3=F_4=200\text{N}$。试求出图 2-5 中各力在 x、y 轴上的投影。

解：

$$F_{1x} = F_1\cos45^\circ \approx 100\times0.707 \approx 70.7\text{N}$$

$$F_{1y} = F_1\sin45^\circ \approx 100\times0.707 \approx 70.7\text{N}$$

$$F_{2x} = -F_2\cos30^\circ \approx -150\times0.866 \approx -129.9\text{N}$$

$$F_{2y} = F_2\sin30^\circ = 150\times0.5 = 75\text{N}$$

$$F_{3x} = F_3\cos60^\circ = 200\times0.5 = 100\text{N}$$

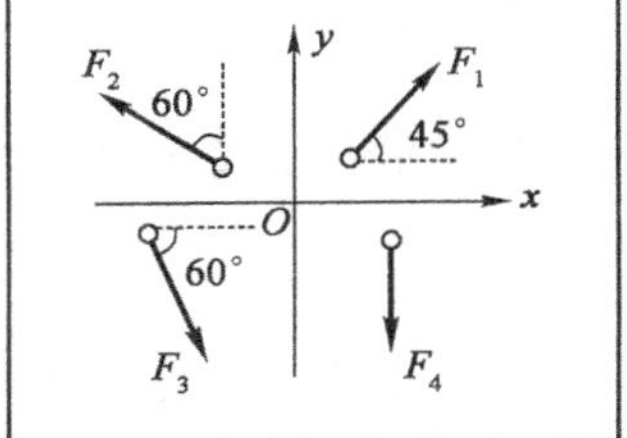

图 2-5 力的投影计算

$$F_{3y} = -F_3\sin60° \approx -200\times0.866 \approx -173.2\text{N}$$

$$F_{4x} = F_4\cos90° = 0$$

$$F_{4y} = -F_4\sin90° = -200\times1 = -200\text{N}$$

2.2 平面汇交力系的平衡

本节主要介绍了力系的分类、平面汇交力系合成与平衡的几何法及其应用。

一 力系的分类

为了便于研究问题，将力系按其各力作用线的分布情况进行分类。凡各力作用线都在同一平面内的力系称为平面力系，凡各力作用线不在同一平面内的力系称为空间力系。在实际问题中，有些结构所受的力虽是空间力系，但在一定的条件下可简化为平面力系来处理。

在建筑工程中所遇到的很多实际问题都可以简化为平面力系来处理，平面力系是工程中最常见的力系。若作用在刚体上各力的作用线都在同一平面内，且汇交于同一点，则该力系称为平面汇交力系。在平面力系中，各力作用线互相平行的力系称为平面平行力系。若作用在刚体上各力的作用线都在同一平面内，且任意分布，该力系称为平面一般力系。

二 平面汇交力系合成与平衡的几何法

1 平面汇交力系合成的几何法

设在刚体上的 O 点作用一个由力 $\boldsymbol{F}_1$、$\boldsymbol{F}_2$、$\boldsymbol{F}_3$、$\boldsymbol{F}_4$ 组成的平面汇交力

系［图 2-6a)］，为求该力系的合力，可以连续应用力的平行四边形法则，依次两两合成合力，最后求得一个作用线也通过力系汇交点的合力 $\boldsymbol{F}_R$。下面介绍几何作图法求平面汇交力系的合力。

在力系所在的平面内，任取一点 A，按一定的比例尺，先作矢量 $\boldsymbol{AB}$ 平行且等于力 $\boldsymbol{F}_1$，再从所作矢量的末端 B 作矢量 $\boldsymbol{BC}$ 平行且等于力 $\boldsymbol{F}_2$，连接矢量 $\boldsymbol{AC}$ 求得它们的合力 $\boldsymbol{F}_{R1}=\boldsymbol{AC}$；再过 $\boldsymbol{F}_{R1}$ 的末端作矢量 $\boldsymbol{CD}$ 平行且等于力 $\boldsymbol{F}_3$，连接矢量 $\boldsymbol{AD}$ 求得它们的合力 $\boldsymbol{F}_{R2}=\boldsymbol{AD}$，依此类推，最后将 $\boldsymbol{F}_{R2}$ 与 $\boldsymbol{F}_4$ 合成，即得到该平面汇交力系的合力大小和方向 $\boldsymbol{F}_R$，如图 2-6b）所示。多边形 $ABCDE$ 称为此平面汇交力系的力多边形，矢量 $\boldsymbol{AE}$ 称为力多边形的封闭边。封闭边矢量 $\boldsymbol{AE}$ 表示此平面汇交力系合力 $\boldsymbol{F}_R$ 的大小和方向，合力 $\boldsymbol{F}_R$ 的作用线通过原力系的汇交点 A。

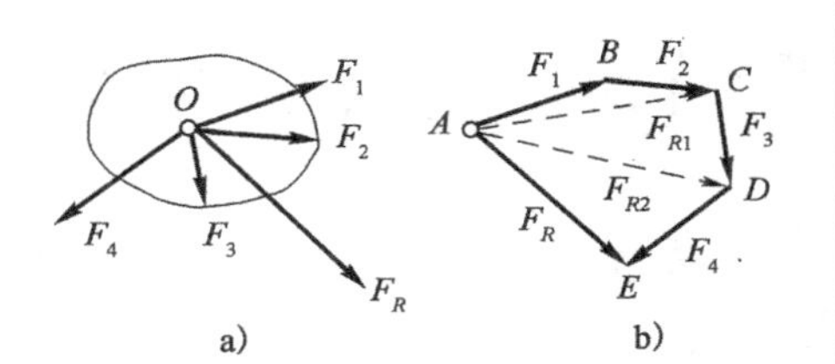

图 2-6 平面汇交力系的合成

实际作图时，$\boldsymbol{F}_{R1}$、$\boldsymbol{F}_{R2}$ 可以不画，只需按一定比例尺将各力矢量首尾相接，然后连接第一个力的起点到最后一个力的终点，方向从第一个力的起点指向最后一个力的终点，得到合力 $\boldsymbol{F}_R$。多边形 $ABCDE$ 称为力的多边形，这种求合力的几何作图方法称为力多边形法则（力三角形法的推广）。如果力系有 n 个力，用公式可以表示为

$$F_R=F_1+F_2+F_3+\cdots+F_n=\sum F_n$$

即平面汇交力系的合力的大小与方向等于原力系中各力的矢量和，合力作用线通过各力的汇交点。

2 平面汇交力系平衡的几何条件

由以上平面汇交力系的合成结果可知，平面汇交力系平衡的充分和必要条件是：该力系的合力等于零。用矢量式表示，即

$$F_R=\sum F_n=0$$

按力多边形法则，在合力等于零的情况下，力多边形中最后一个力矢的

单元 2

平面力系的平衡

终点与第一个力矢的起点相重合，此时的力多边形称为封闭的力多边形。因此，可得如下结论：平面汇交力系平衡的充分和必要条件是该力系的力多边形自行封闭。这就是平面汇交力系平衡的几何条件。

三 平面汇交力系的平衡条件及应用

平面汇交力系的合力在任一坐标轴上的投影，等于它的各分力在同一坐标轴上投影的代数和，这就是合力投影定理。即

$$\left.\begin{aligned} F_{Rx} &= F_{1x} + F_{2x} + \cdots + F_{nx} = \Sigma F_x \\ F_{Ry} &= F_{1y} + F_{2y} + \cdots + F_{ny} = \Sigma F_y \end{aligned}\right\} \tag{2-2}$$

当平面汇交力系为已知时，我们可以选定直角坐标系求出力系中各力在 x 轴和 y 轴上的投影，再根据合力投影定理求出合力 $\boldsymbol{F}_R$ 在 x 轴和 y 轴上的投影 F_{Rx} 和 F_{Ry}，即

$$\left.\begin{aligned} F_R &= \sqrt{F_{Rx}^2 + F_{Ry}^2} = \sqrt{(\Sigma F_x)^2 + (\Sigma F_y)^2} \\ \tan\alpha &= \left|\frac{F_{Ry}}{F_{Rx}}\right| = \left|\frac{\Sigma F_y}{\Sigma F_x}\right| \end{aligned}\right\} \tag{2-3}$$

由前述可知，平面汇交力系平衡的充分和必要条件是：该力系的合力等于零，即 $F_R=0$。因此，由式（2-3）可得

$$\left.\begin{aligned} \Sigma F_x &= 0 \\ \Sigma F_y &= 0 \end{aligned}\right\} \tag{2-4}$$

即平面汇交力系平衡的必要和充分条件是力系中各力在坐标轴上投影的代数和等于零。式（2-4）就是平面汇交力系的平衡方程。

【例 2-2】 三角支架如图 2-7a）所示。已知挂在 B 点的物体重力为 $\boldsymbol{G}$，试求 AB、BC 两杆所受的力。

解一： 取铰 B 为研究对象，由于 AB、BC 两杆为二力杆件，因此 B 点受已知力 $\boldsymbol{G}$ 和未知约束反力 $\boldsymbol{F}_{NBA}$、$\boldsymbol{F}_{NCB}$ 三个力作用而处于平衡，受力图如图 2-7b）所示。由于三力作用于同一点 B，该力系为平面汇交力系，故求两个未知力只需列两个投影方程即可求解。

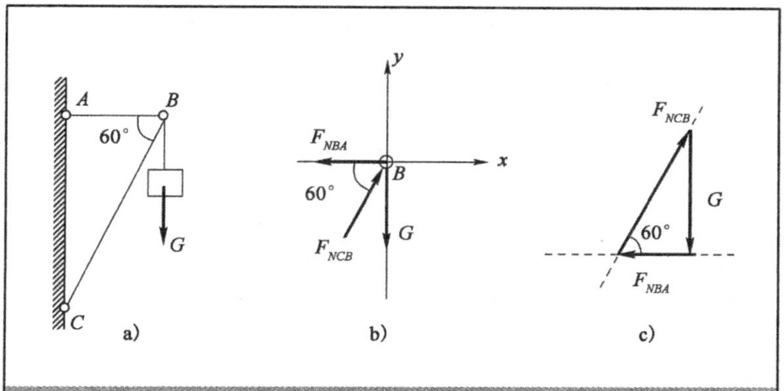

图 2-7　三角支架受力分析图

$$\sum F_x = 0,\ -F_{NBA} + F_{NCB}\cos 60° = 0$$

$$\sum F_y = 0,\ F_{NCB}\sin 60° - G = 0$$

$$F_{NCB} = \frac{G}{\sin 60°} \approx 1.16G$$

$$F_{NBA} = F_{NCB}\cos 60° = G\cot 60° \approx 0.577G$$

解二：此题也可应用平面汇交力系平衡的几何条件，作一个自行封闭的力三角形，再解这个三角形即可得解。根据力的多边形自行封闭，首先按已知力 **G** 的方向作出 **G** 的作用线，再过 **G** 的起点和终点分别作出力 $\boldsymbol{F}_{NBA}$、$\boldsymbol{F}_{NCB}$的作用线，依各力首尾相接，力三角形自行封闭可确定 $\boldsymbol{F}_{NBA}$、$\boldsymbol{F}_{NCB}$ 的指向，如图 2-7c）所示。解直角三角形，可得

$$F_{NBC} = \frac{G}{\sin 60°} \approx 1.16G$$

$$F_{NBA} = G\cot 60° \approx 0.577G$$

【例 2-3】　在两垂直墙壁之间的绳子上挂一重力 $G=100$N 的物体，绳子与两墙的夹角 $\alpha=60°$ 和 $\beta=30°$，见图 2-8a）。试求两绳中的拉力。

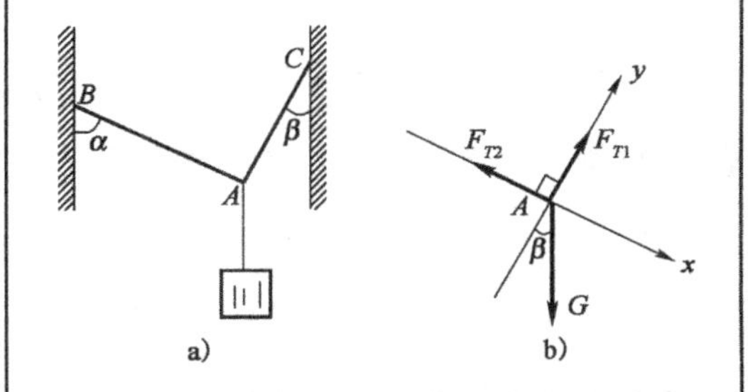

图 2-8　物体受力分析图

解：取节点 A 为研究对象，两绳为柔索，则 A 点受已知力 **G** 和未

知约束反力 $\boldsymbol{F}_{T1}$、$\boldsymbol{F}_{T2}$ 三个力作用而处于平衡，受力如图 2-8b）所示。因三力作用于同一点 A，该力系为平面汇交力系，故求两个未知力只需列出两个投影方程，即可得解。

$$\Sigma F_x = 0, G\sin\beta - F_{T2} = 0$$

$$\Sigma F_y = 0, F_{T1} - G\cos\beta = 0$$

解得

$$F_{T2} = G\sin\beta = 100 \times \sin30^\circ = 100 \times \frac{1}{2} = 50\text{N}\ (\text{拉力})$$

$$F_{T1} = G\cos\beta = 100 \times \cos30^\circ = 100 \times \frac{\sqrt{3}}{2} \approx 86.6\text{N}\ (\text{拉力})$$

2.3 力　矩

本节描述了力矩的概念及合力矩定理，着重介绍了力矩的计算方法。

一　力矩的概念

从生活和实践中可知，力除了能使物体移动外，还能使物体转动。力矩就是度量力使物体转动效果的物理量。例如，用扳手拧螺母时，加力可使扳手和螺母绕螺母轴线转动。其他如杠杆、定滑轮、绞盘等简易机械在搬运或提升重物时，也是力使其绕一点转动的实例。

力使物体产生转动效应与哪些因素有关呢？例如，用扳手拧螺母时（图 2-9），力 $\boldsymbol{F}$ 使扳手绕螺母中心 O 转动的效应，不仅与力 $\boldsymbol{F}$ 的大小成正比，还

与螺母中心 O 到该力作用线的垂直距离 d 成正比。此外，扳手的转向可能是逆时针方向，也可能是顺时针方向。因此，我们用力的大小与力臂的乘积 Fd，再加上正负号来表示力 $\boldsymbol{F}$ 使物体绕 O 点转动的效应，称为力 $\boldsymbol{F}$ 对 O 点的力矩，用符号 m_O（$\boldsymbol{F}$）或 $\boldsymbol{M}_O$表示。

一般规定：使物体产生逆时针转动的力矩为正；反之为负。因此，力对点的力矩为代数量。并记作：

$$m_O(\boldsymbol{F}) = \pm Fd \tag{2-5}$$

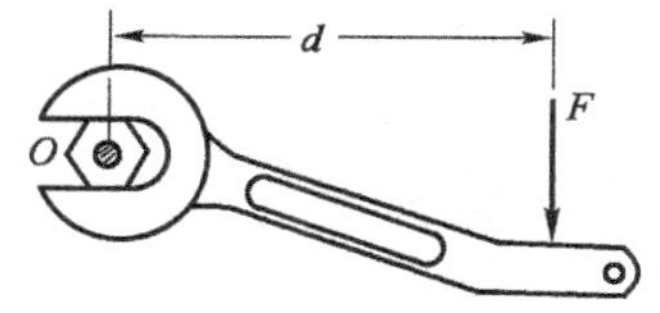

图 2-9 用扳手拧螺母示意图

式中：O——矩心，即转动中心；

d——力臂，即力的作用线到矩心的垂直距离。

按国际单位制，力矩的单位是牛顿·米（N·m）或千牛·米（kN·m）。

力矩为零有以下两种情形：

（1）力等于零。

（2）力的作用线通过矩心。

由式（2-5）可知，一般同一个力对不同点的力矩是不同的，故不指明矩心来计算力矩是没有意义的。因此，在计算力矩时一定要明确是对哪一点的力矩。

二 力矩的计算

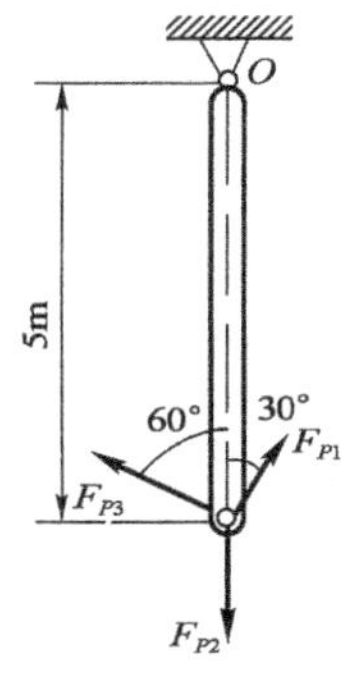

图 2-10 力矩的计算

【例 2-4】 已知 $F_{P1}=2\text{kN}$，$F_{P2}=3\text{kN}$，$F_{P3}=4\text{kN}$，试求图 2-10 中三力对 O 点的力矩。

解： 根据力矩的定义可写成

$$m_O(\boldsymbol{F}_{P1}) = 2\times5\sin30° = 5\text{kN}\cdot\text{m}$$

$$m_O(\boldsymbol{F}_{P2}) = 3\times0 = 0$$

$$m_O(\boldsymbol{F}_{P3}) = -4\times5\sin60° \approx -17.3\text{kN}\cdot\text{m}$$

【例 2-5】 均布荷载对其作用面内任一点的力矩如图 2-11 所示。已知 $q=20\text{kN/m}$，$l=5\text{m}$，求均

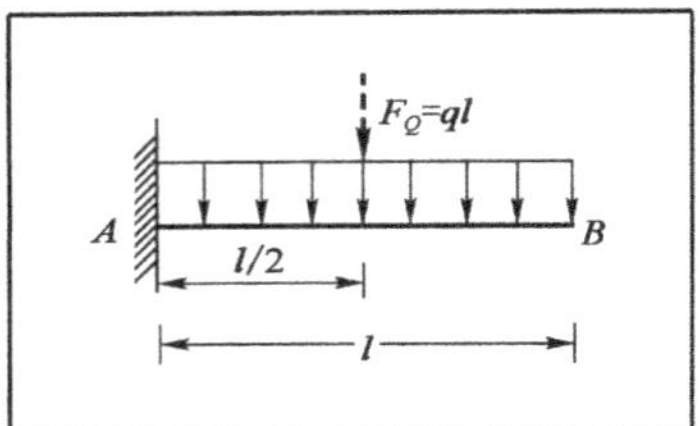

图 2-11　力矩的计算

布荷载对 A 点的力矩。

解：均布荷载的作用效果可用其合力 $F_Q=ql$ 来代替，合力 $\boldsymbol{F}_Q$ 作用在分布长度 l 的中点，即作用在 $l/2$ 处。

$$m_A(\boldsymbol{F}_Q)=-ql\times\frac{l}{2}=-\frac{ql^2}{2}\text{（顺时针转向）}$$

三 合力矩定理

若平面汇交力系有合力，则其合力对平面上任一点的力矩，等于所有分力对同一点力矩的代数和。即

$$\begin{aligned}m_O(\boldsymbol{F}_R)&=m_O(\boldsymbol{F}_1)+m_O(\boldsymbol{F}_2)+\cdots+m_O(\boldsymbol{F}_n)\\&=\sum m_O(\boldsymbol{F}_n)\end{aligned}\quad(2\text{-}6)$$

合力矩定理是力学中广泛应用的一个重要定理，可用来确定重心位置，简化力矩的计算。例如，计算力对某点的力矩时，有些实际问题中力臂不易求出，可以将此力分解为相互垂直的分力；如果两分力对该点的力臂已知，即可求出两分力对该点的力矩的代数和，从而得到已知力对该点的力矩。

*2.4 力　　偶

本节介绍了力偶的概念及力的平移定理，着重讲解了力偶矩的计算及力偶的性质。

一 力偶的概念

物体受到大小相等、方向相反的两共线力作用时，物体可保持平衡状

态。但是，当两个力大小相等、方向相反、不共线而平行时，物体能否保持平衡呢？实践告诉我们，在这种情况下，物体将产生转动。汽车驾驶员用双手转动转向盘，工人师傅用双手去拧丝攻扳手，人们用手指旋转钥匙或水龙头等（图 2-12），都是上述受力情况的实例。

在力学上，把大小相等、方向相反的平行力组成的力系称为力偶，并记作（$\boldsymbol{F}$，$\boldsymbol{F}'$）。力偶对物体只产生转动效应，而不产生移动效应。力偶中两力所在的平面叫做力偶作用面，两力作用线间的垂直距离 d 称为力偶臂（图 2-13）。

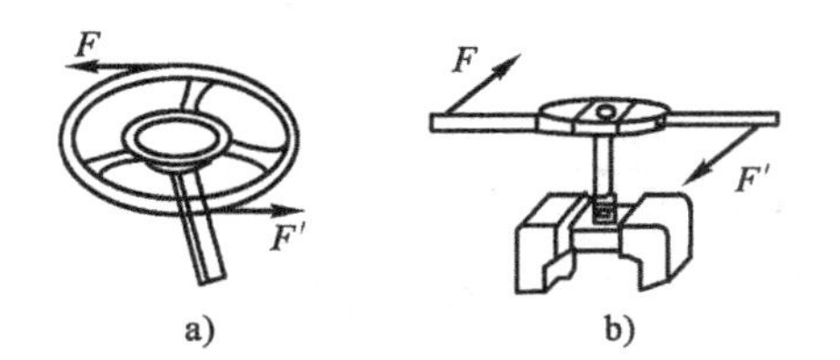

图 2-12　力偶在日常生活中的使用

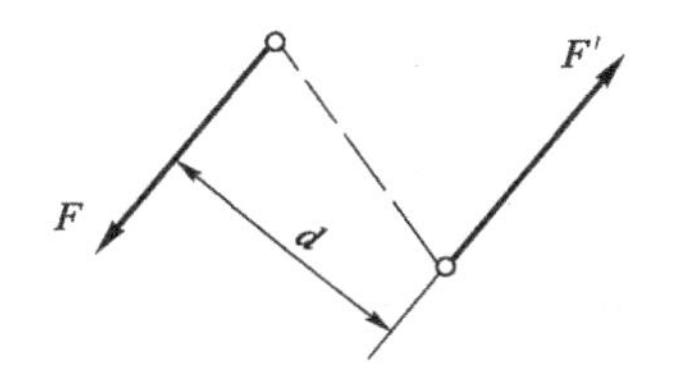

图 2-13　力偶臂

二　力偶矩的计算

由经验可知，力偶对物体的转动效应取决于力偶中力和力偶臂的大小以及力偶的转向。因此，在力学中以乘积 Fd 加上±号作为度量力偶对物体转动效应的物理量，称为力偶矩，以符号 m（$\boldsymbol{F}$，$\boldsymbol{F}'$）或 m 表示，即

$$m(\boldsymbol{F},\boldsymbol{F}') = \pm Fd \quad 或 \quad m = \pm Fd \tag{2-7}$$

式（2-7）表示力偶矩是一个代数量，其绝对值等于力的大小与力偶臂的乘积，正负号表示力偶的转向。通常规定力偶逆时针旋转时，力偶矩为正；反之为负。在平面问题中，力偶可用力和力偶臂表示，也可以用一个带箭头的弧线表示力偶（图 2-13），箭头表示力偶的转向，m 表示力偶矩的大小。

力偶矩的单位与力矩相同，为 kN・m 或 N・m。

实践证明，力偶对物体的作用效果由力偶矩的大小、力偶的转向和力偶作用面的方位等三个因素决定。这三个因素称为力偶的三要素。

三 力偶的基本性质

根据前面的讲述，将力偶的基本性质归纳如下：

（1）力偶无合力，即力偶不能用一个力来代替。因此，力偶对物体只有转动效应，而无移动效应。而力一般是既有移动效应，又有转动效应，所以力偶既不能与一个力等效，也不能与一个力来平衡，力偶只能用力偶来平衡。

（2）力偶对其作用面内任一点的力矩恒等于力偶矩，而与矩心位置无关，即欲求力偶对其所在平面内任一点的力矩时，计算出力偶中的两个力分别对该点的力矩的代数和就等于力偶矩。

（3）在同一平面内的两个力偶，如果它们的力偶矩大小相等，且力偶的转向相同，则这两个力偶是等效的。这称为力偶的等效性。

根据力偶的等效性，可得出下面两个推论：

推论 1　力偶可在其作用面内任意移转，而不改变它对刚体的转动效应，即力偶对物体的转动效应与其在作用面内的位置无关。

推论 2　在保持力偶大小和转向不变的情况下，可任意改变力偶中力的大小和力偶臂的长短，而不改变它对刚体的转动效应。

【例 2-6】　如图 2-14 所示，在物体的某平面内受到三个力偶的作用。已知 $F_1=200\text{N}$，$F_2=600\text{N}$，分别求出这两个力偶的力偶矩。

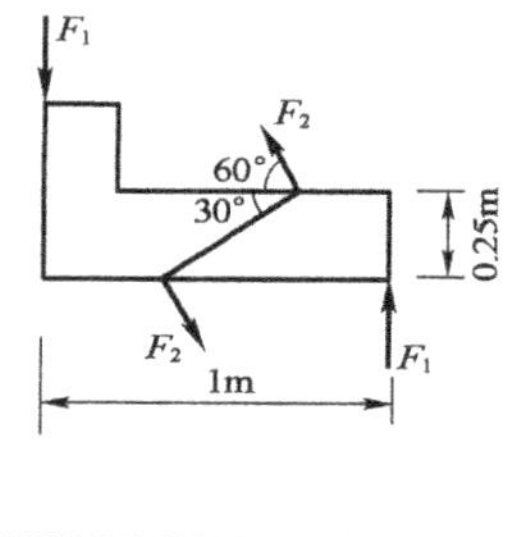

图 2-14　力偶矩的计算

解：计算各分力偶矩为：

$$m_1=F_1d_1$$
$$=200\times1=200\text{N}\cdot\text{m}$$
$$m_2=F_2d_2$$
$$=600\times\frac{0.25}{\sin30^\circ}=300\text{N}\cdot\text{m}$$

土木工程力学基础（多学时）

2.5 平面一般力系的平衡

本节主要介绍了平面一般力系、平面平衡力系的平衡方程及其应用，分析了简单物体系统的平衡问题。

一 平面一般力系的平衡条件和平衡方程

平面一般力系的平衡条件是：力系中所有各力在两个坐标轴上投影的代数和分别等于零，这些力对力系所在平面内任一点力矩的代数和也等于零。

平面一般力系的平衡条件可用下式表示：

$$\left.\begin{aligned}\sum F_x=0\\ \sum F_y=0\\ \sum m_O(\boldsymbol{F}_n)=0\end{aligned}\right\}\tag{2-8}$$

式（2-8）称为平面一般力系的平衡方程的基本形式。对于静止的建筑物来说，可以理解为：当$\sum F_x=0$和$\sum F_y=0$时，表示物体沿x轴和y轴方向不能移动；当$\sum m_O(\boldsymbol{F}_n)=0$时，就表示物体绕任意点$O$不能转动，这样的物体处于平衡状态。平面一般力系的平衡方程包含3个独立的方程。其中，前两个是投影方程，后一个是力矩方程。因此，用平面一般力系的平衡方程可以求解不超过3个未知力的平衡问题。

平面一般力系平衡问题的解题步骤如下：

（1）选取研究对象。根据已知量和待求量，选择适当的研究对象。

（2）画研究对象的受力图。将作用于研究对象上的所有的力画出来。

（3）列平衡方程。注意选择适当的投影轴和矩心，列平衡方程。

（4）解方程，求解未知力。

在列平衡方程时，为使计算简单，选取坐标系时应尽可能使力系中多数未知力的作用线平行或垂直投影轴，矩心选在两个（或两个以上）未知力的交点上；尽可能先列力矩方程，并使一个方程中只包含一个未知数。注意：对于同一个平面力系来说，最多只能列出 3 个平衡方程，且只能解 3 个未知量。

【例 2-7】　外伸梁如图 2-15a）所示，已知 $F_P=30\text{kN}$，试求 A、B 支座的约束反力。

解：以外伸梁为研究对象，画出其受力图，并选取坐标轴如图 2-15b）所示。

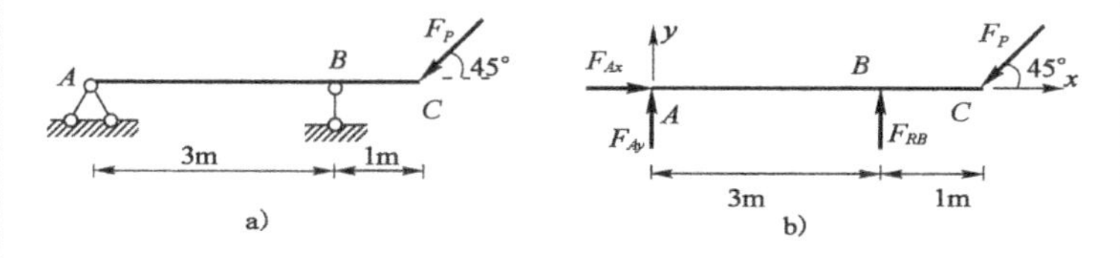

图 2-15　约束反力的计算

作用在外伸梁上的有已知力 $\boldsymbol{F}_P$，未知力 $\boldsymbol{F}_{Ax}$、$\boldsymbol{F}_{Ay}$ 和 $\boldsymbol{F}_{RB}$，支座反力的指向是假定的。以上四力组成平面一般力系，可列出 3 个独立的平衡方程，求解 3 个未知力。

$$\sum m_A=0,\ F_{RB}\times 3-F_P\sin 45°\times 4=0$$

$$F_{RB}=\frac{4}{3}\times F_P\sin 45°\approx\frac{4}{3}\times 30\times 0.707\approx 28.3\text{kN}\ (\uparrow)$$

$$\sum F_x=0,\ F_{Ax}-F_P\cos 45°=0$$

$$F_{Ax}=F_P\cos 45°\approx 30\times 0.707\approx 21.2\text{kN}\ (\rightarrow)$$

$$\sum F_y=0,\ F_{Ay}-F_P\sin 45°+F_{RB}=0$$

$$F_{Ay}=F_P\sin 45°-F_{RB}\approx 30\times 0.707-28.3\approx -7.1\text{kN}\ (\downarrow)$$

计算结果为正号，说明支座反力的假设方向与实际指向一致；计算结果为负号，说明支座反力的假设方向与实际指向相反。在答案后面的括号内应标注出支座反力的实际指向。在例 2-7 中，$\boldsymbol{F}_{RB}$、$\boldsymbol{F}_{Ax}$ 的指向与假设方向相同，F_{Ay}的指向与假设方向相反。

讨论：本题如果写出对A、B两点的力矩方程和对x轴的投影方程，也同样可以求解。即由

$$\sum F_x=0,\ F_{Ax}-F_P\cos45°=0$$
$$\sum m_A=0,\ F_{RB}\times3-F_P\sin45°\times4=0$$
$$\sum m_B=0,\ -F_{Ay}\times3-F_P\sin45°\times1=0$$

解得

$F_{Ax}\approx21.2\text{kN}$（→），$F_{Ay}\approx-7.1\text{kN}$（↓），$F_{RB}\approx28.3\text{kN}$（↑）

如果写出对A、B、C三点的力矩方程，也能得到相同的结果。

$$\sum m_A=0,\ F_{RB}\times3-F_P\sin45°\times4=0$$
$$\sum m_B=0,\ -F_{Ay}\times3-F_P\sin45°\times1=0$$
$$\sum m_C=0,\ -F_{Ay}\times4-F_{RB}\times1=0$$

由例2-7讨论的结果可知，平面力系的平衡方程除了式（2-8）所示的基本形式外，还有二矩式和三矩式，其形式如下

$$\left.\begin{aligned}\sum F_x&=0\\ \sum m_A&=0\\ \sum m_B&=0\end{aligned}\right\}\qquad(2\text{-}9)$$

其中，A、B两点的连线不能与x轴（或y轴）垂直。

$$\left.\begin{aligned}\sum m_A&=0\\ \sum m_B&=0\\ \sum m_C&=0\end{aligned}\right\}\qquad(2\text{-}10)$$

其中，A、B、C三点不能共线。

在应用式（2-9）和式（2-10）时，必须满足其限制条件，否则式(2-9)和式（2-10）中的3个平衡方程将不都是独立的。

【例2-8】　外伸梁如图2-16所示。已知$q=5\text{kN/m}$，$F_P=10\text{kN}$，$l=10\text{m}$，$a=2\text{m}$，求A、B两点的支座反力。

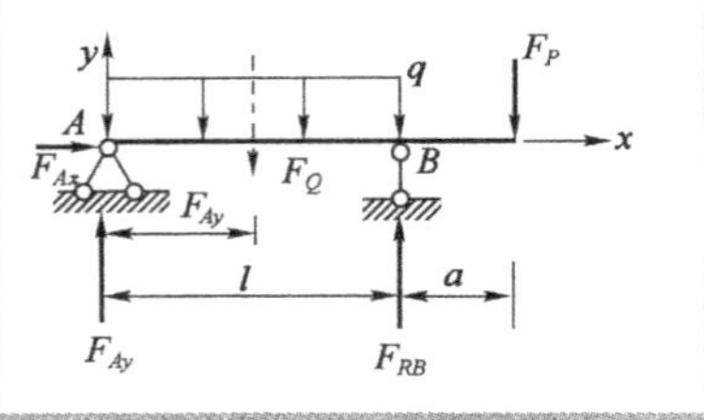

图 2-16 支座反力的计算

解：均布荷载的作用效果用合力 $F_Q=ql$ 来代替，$\boldsymbol{F}_Q$ 作用在 $l/2$ 处。因为只有一个受力物体，可直接将约束反力标出，而不需单独画出研究对象的受力图。外伸梁受力如图 2-16 所示。已知外力 $\boldsymbol{F}_Q$、$\boldsymbol{F}_P$，约束反力 $\boldsymbol{F}_{Ax}$、$\boldsymbol{F}_{Ay}$、$\boldsymbol{F}_{By}$ 的指向是假设的。作用在外伸梁上有一个力偶。由于力偶在任一轴上的投影均为零，因此，力偶在投影方程中不出现；由于力偶对平面内任一点的力矩等于力偶矩，而与矩心位置无关，因此，在力矩方程中可以直接将力偶矩列入。

$$\sum m_A=0,\ F_{RB}l-F_Q\frac{l}{2}-F_P\ (a+l)\ =0$$

$$F_{RB}=\frac{ql^2/2+F_P(a+l)}{l}=\frac{5\times 10^2/2+10\times 12}{10}=37\text{kN}\ (\uparrow)$$

$$\sum F_x=0,\ F_{Ax}=0$$

$$\sum F_y=0,\ F_{Ay}+F_{RB}-ql-F_P=0$$

$$F_{Ay}=ql-F_{RB}+F_p=5\times 10-37+10=23\text{kN}\ (\uparrow)$$

注意：在工程上，通常将水平反力用大写字母 **H** 表示，竖向反力则用大写字母 **V** 来表示，下标表示力的作用点。

【例 2-9】 悬臂梁受力如图 2-17 所示。已知$F_P=10\text{kN}$，$l=4\text{m}$，试求 A 端支座反力。

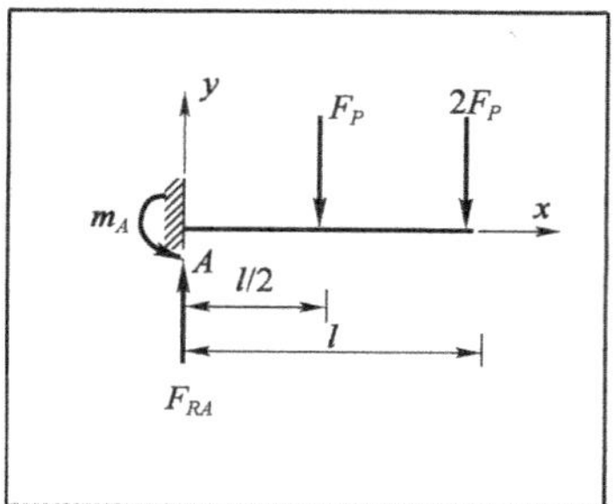

图 2-17 支座反力的计算

解：因为悬臂梁所受外力都是竖向力，可知 A 端的水平反力恒为零，只需列出两个平衡方程即可求解。

$$\sum M_A=0,\ m_A-F_P\frac{l}{2}-2F_Pl=0$$

$$m_A=F_P\frac{l}{2}+2F_Pl=\frac{5}{2}F_Pl$$

$$=\frac{5}{2}\times 10\times 4=100\text{kN}\cdot\text{m}\ (\text{逆时针转向})$$

$$\sum F_y=0,\ F_{RA}-F_P-2F_P=0$$

$$F_{RA}=3F_P=3\times 10=30\text{kN}\ (\uparrow)$$

【例 2-10】 简支刚架受力如图 2-18 所示，已知 $F_P=25\text{kN}$，求 A 端和 C 端的支座反力。

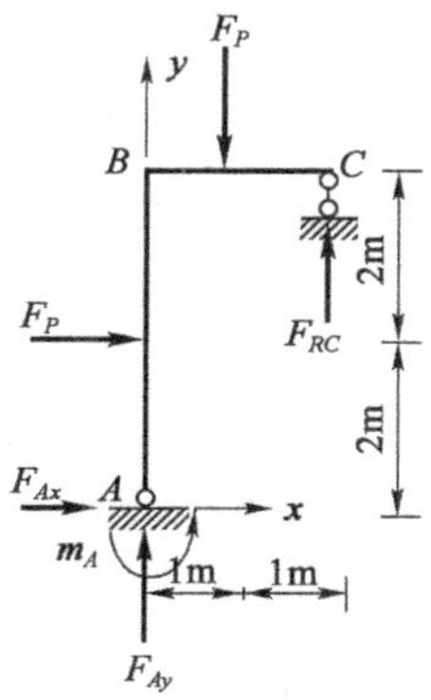

图 2-18 支座反力的计算

解： A 端为固定端约束，刚架受力如图 2-18 所示，有三个未知的约束反力，各反力的指向都是假定的。作用在刚架上的荷载是已知力 F_P 和约束反力 F_{Ay} 和 F_{RC}。

$\sum F_x=0$，$F_{Ax}+F_P=0$

$F_{Ax}=-F_P=-25\text{kN}$ （←）

$\sum F_y=0$，$F_{Ay}-F_P+F_{RC}=0$

$\sum m_A=0$，$-F_P\times2-F_P\times1+F_{RC}\times2=0$

$$F_{RC}=\frac{1}{2}(2F_P+F_P)=\frac{1}{2}(2\times25+25)=37.5\text{kN}\ (\uparrow)$$

$$F_{Ax}=F_P-F_{RC}=25-37.5=-12.5\text{kN}\ (\downarrow)$$

二 平面平行力系的平衡方程及应用

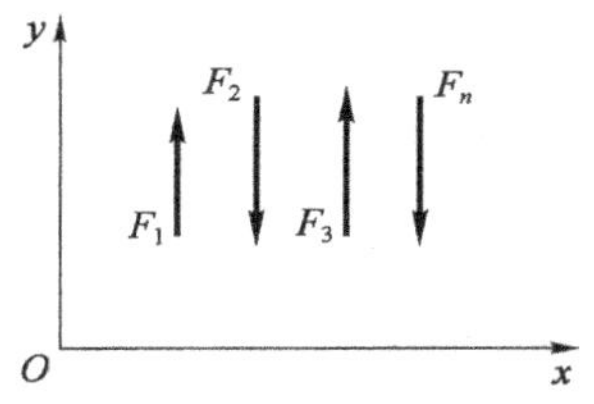

图 2-19 平面平行力系的平衡

平面平行力系中各力的作用线在同一平面内且互相平行。平面平行力系是平面一般力系的特殊情况。

对于平面平行力系，式（2-9）中必有一个投影方程自然满足。如图 2-19 所示，设力系中各力作用线垂直于 x 轴，则 $\sum F_x=0$，因此其平衡方程为

$$\left.\begin{aligned}\sum F_y=0\\ \sum m_O=0\end{aligned}\right\} \qquad (2\text{-}11)$$

或为二力矩式

$$\left.\begin{aligned}\sum M_A=0\\ \sum M_B=0\end{aligned}\right\} \qquad (2\text{-}12)$$

【例 2-11】 简支梁受力 $\boldsymbol{F}_P$ 作用，如图 2-20a）所示。已知：$F_P=100\text{kN}$，$l=10\text{m}$，$a=4\text{m}$，$b=6\text{m}$，求 A、B 两点的支座反力。

解： 因为简支梁在竖向力 $\boldsymbol{F}_P$ 的作用下，A 点的水平反力 F_{Ax} 恒等于零。所以，AB 梁受在平行力系 $\boldsymbol{F}_P$、$\boldsymbol{F}_{Ay}$ 和 $\boldsymbol{F}_{RB}$ 三个力作用下处于平衡［图 2-20b)］，对于两个未知力只需列出两个平衡方程就可以求解。

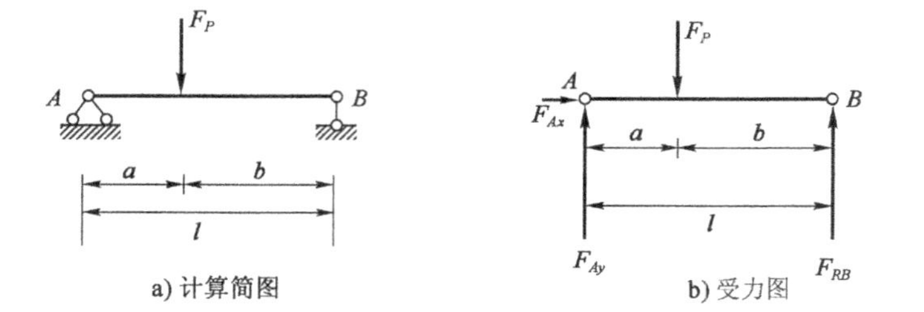

图 2-20 支座反力的计算

$$\sum m_A=0,\ F_{By}l-F_P\cdot a=0$$

$$\sum F_y=0,\ F_{Ay}+F_{By}-F_P=0$$

$$F_{By}=\frac{a}{l}F_P=\frac{4}{10}\times100=40\text{kN}\ (\uparrow)$$

$$F_{Ay}=F_P-F_{By}=\frac{b}{l}F_P=\frac{6}{10}\times100=60\text{kN}\ (\uparrow)$$

由上例可知，梁受到竖向荷载作用时，只有竖向反力，水平反力恒等于零。

【例 2-12】 简支梁受均布荷载 $\boldsymbol{q}$ 作用，如图 2-21 所示。已知 $q=50\text{kN}$，$l=8\text{m}$ 求 A、B 两点的支座反力。

解： 均布荷载 q 对梁的作用可以用它的合力来代替，因为均布荷载 $\boldsymbol{q}$ 分布长度为梁的全长 l，所以其合力的大小为 ql，作用点在分布长度的中点，即 $l/2$ 处。

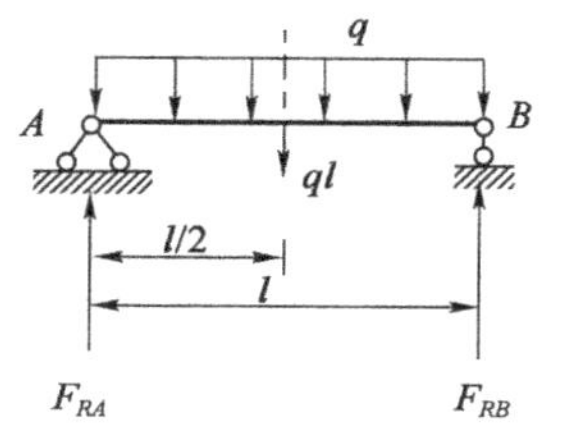

图 2-21 支座反力的计算

$$\sum m_A=0,\ F_{RB}l-ql\cdot\frac{l}{2}=0$$

$$\sum F_y=0,\ F_{RA}+F_{RB}-ql=0$$

$$F_{RA}=F_{RB}=\frac{ql}{2}=\frac{50\times8}{2}=200\text{kN}\ (\uparrow)$$

【例 2-13】 外伸梁受悬臂端受集中力 $\boldsymbol{F}_P$ 的作用如图 2-22a）所示。已知 $F_P=20\text{kN}$，$l=10\text{m}$，$a=2\text{m}$，求 A、B 两点的支座反力。

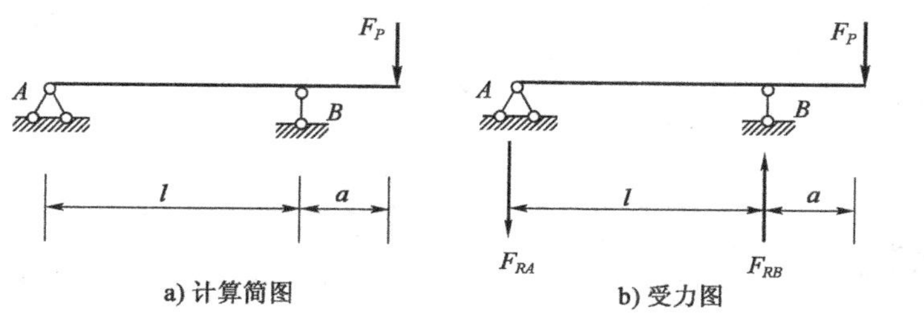

图 2-22 支座反力的计算

解： 如图 2-22b）所示，AB 梁在平面平行力系 $\boldsymbol{F}_P$、$\boldsymbol{F}_{RA}$ 和 $\boldsymbol{F}_{RB}$ 的作用下处于平衡，只需列出两个平衡方程就可以求解。

$$\sum m_B=0,\quad F_{RA}l-F_P\cdot a=0$$

$$F_{RA}=\frac{a}{l}F_P=\frac{2}{10}\times 20=4\text{kN}\ (\downarrow)$$

$$\sum F_y=0,\quad -F_{RA}+F_{RB}-F_P=0$$

$$F_{RB}=F_{RA}+F_P=4+20=24\text{kN}\ (\uparrow)$$

以上利用平面力系的平衡方程分别求出了单跨梁在简单荷载单独作用下的支座反力，若有两种或两种以上的荷载同时作用在梁上时，可以用二矩式求支座反力，再利用投影式进行验算。

*三 简单物体系统的平衡问题

在实际工程中，经常遇到由几个物体通过一定的约束联系在一起的物体系统。研究物体系统的平衡问题，不仅需要求解支座反力，而且还要求出系统内物体与物体之间的相互作用力。例如，建筑、路桥工程中常用的三铰拱（图 2-23），由左、右两半拱通过铰 C 连接，并支承在 A、B 两固定铰支座上，三铰拱所受的荷载与支座 A、B 的反力就是外力，而铰 C 处左、右两半拱相互作用的力就是三铰拱的内力。要求解内力就必须将物体系统

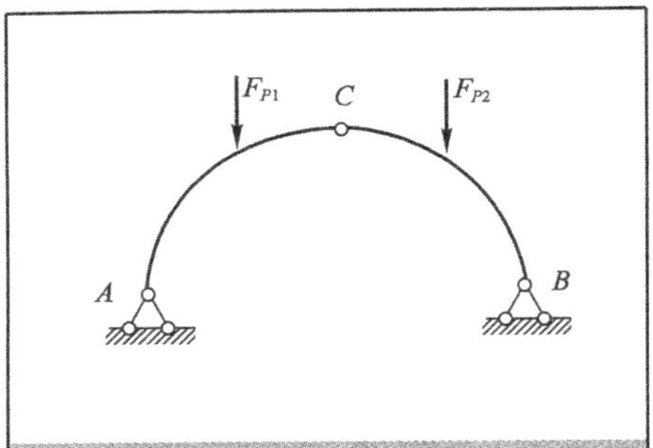

图 2-23 三铰拱

拆开，分别画出各个物体的受力图。如果所讨论的物体系统是平衡的，则组成此系统的每一部分乃至每一个物体也是平衡的。因此，计算物体系统的平衡问题，除了要考虑整个系统的平衡外，还要考虑系统内某一部分（一个物体或几个物体的组合）的平衡。只要适当地考虑整体平衡和局部平衡，就可以解出全部未知力。这就是解决物系平衡问题的途径。

应当注意的是，外力和内力的概念是相对的，是对一定的研究对象而言的。如果不是取整个三铰拱，而是分别取左半拱或右半拱为研究对象，则铰 C 对左半拱或右半拱作用的力就成为外力了。

由于物体系统内各物体之间相互作用的内力总是成对出现的，它们大小相等、方向相反、作用线相同，所以，在研究该物体系统的整体平衡时，不必考虑内力。下面举例说明怎样求解物体系统的平衡问题。

【例 2-14】 两跨梁的支承及荷载情况如图 2-24a）所示。已知 $F_{P1}=10\text{kN}$，$F_{P2}=20\text{kN}$，试求支座 A、B、D 及铰 C 处的约束反力。

解： 两跨梁是由梁 AC 和 CD 组成，作用在每段梁上的力系都是平面一般力系，因此，可列出 6 个独立的平衡方程。而未知量也有 6 个：A、C 处各两个，B、D 处各一个。6 个独立的平衡方程能解出 6 个未知量。梁 CD、梁 AC 及整体梁的受力图如图 2-24b）～图 2-24c）所示。各约束反力的指向都是假定的。注意：约束反力 $\boldsymbol{F}'_{Cx}$、$\boldsymbol{F}'_{Cy}$ 与 $\boldsymbol{F}_{Cx}$、$\boldsymbol{F}_{Cy}$ 大小相等，方向相反，且作用在同一条直线上。

由 3 个受力图可以看出，在梁 CD 上只有 3 个未知力，而在梁 AC 及整体上都各有 4 个未知力。因此，应先取梁 CD 为研究对象，求出 $\boldsymbol{F}_{Cx}$、$\boldsymbol{F}_{Cy}$、$\boldsymbol{F}_{RD}$，然后再考虑梁 AC 或整体梁平衡，就能解出其余未知力。

（1）取 CD 梁为研究对象

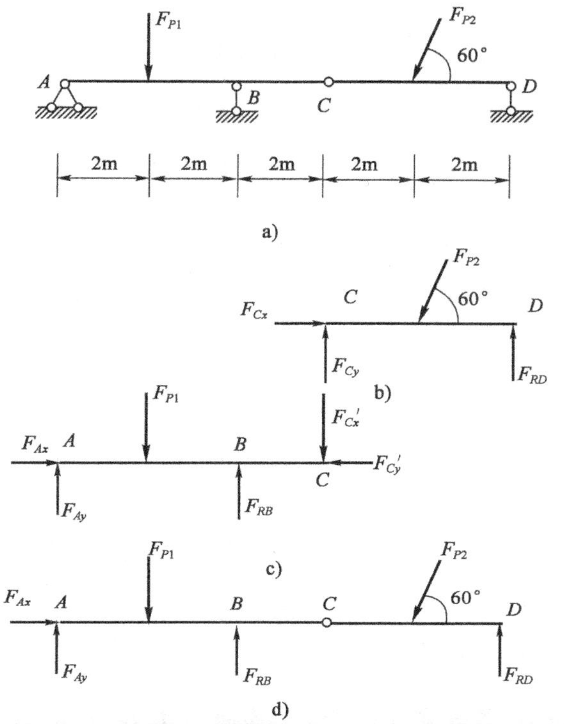

图 2-24 约束反力的计算

$$\sum m_C=0,\ -F_{P2}\sin60°\times2+F_{RD}\times4=0$$

$$F_{RD}=\frac{1}{8}F_{P2}\sin60°\times2\approx\frac{1}{8}\times20\times0.866\times2\approx8.66\text{kN}\ (\uparrow)$$

$$\sum F_x=0,\ F_{Cx}-F_{P2}\cos60°=0$$

$$F_{Cx}=F_{P2}\cos60°=20\times0.5=10\text{kN}\ (\rightarrow)$$

$$\sum F_y=0,\ F_{Cy}+F_{RD}-F_{P2}\sin60°=0$$

$$F_{Cy}=F_{P2}\sin60°-F_{RD}\approx20\times0.866-8.66\approx8.66\text{kN}\ (\uparrow)$$

（2）取 AC 梁为研究对象

$$\sum m_A=0,\ -F_{P1}\times2-F'_{Cy}\times6+F_{RB}\times4=0$$

$$F_{RB}=\frac{1}{4}\ (2F_{P1}+6F'_{Cy})\approx\frac{1}{4}\ (2\times10+6\times8.66)\approx17.99\text{kN}\ (\uparrow)$$

$$\sum F_x=0,\ F_{Ax}-F'_{Cx}=0$$

$$F_{Ax}=F'_{Cx}=10\text{kN}\ (\rightarrow)$$

$$\sum F_y=0,\ F_{Ay}-F_{P1}+F_{RB}-F'_{Cy}=0$$

$$F_{Ay}=F_{P1}-F_{RB}+F'_{Cy}\approx 10-17.99+8.66\approx 0.67\text{kN}\ (\uparrow)$$

校核：取整体梁为研究对象，列平衡方程。

$$\sum F_x=F_{Ax}-F_{P2}\cos 60^\circ$$
$$=10-20\times 0.5=0$$

$$\sum F_y=F_{Ay}+F_{RB}+F_{RD}-F_{P1}-F_{P2}\sin 60^\circ$$
$$\approx 0.67+17.99+8.66-10-20\times 0.866\approx 0$$

校核结果说明计算正确。

单元小结

本单元讨论了力在坐标轴上的投影；合力投影定理；合力矩定理；平面汇交力系的合成与平衡；平面一般力系的合成与平衡。

(1) 力的投影。自力矢量的始端和末端分别向某一确定轴上作垂线，得到两个交点（垂足）。两垂足之间的距离称为力在该轴上的投影。力的投影是代数量。

(2) 合力投影定理。平面力系中各力在某一坐标轴上投影的代数和等于力系的合力在该坐标轴上的投影。

(3) 力矩。力对点的力矩是度量力使物体绕该点转动效应的物理量。它的数学表达式为

$$m_O(\boldsymbol{F})=\pm Fd$$

式中：O——矩心；

d——力臂，是矩心到力作用线的垂直距离。

(4) 合力矩定理。合力矩等于各分力对同一点的力矩的代数和。

(5) 力偶。由一对大小相等、方向相反、作用线互相平行的力组成的特殊力系称为力偶。力偶的三要素为：力偶矩的大小、力偶的转向、力偶的作用面。

(6) 平面一般力系的平衡方程。

①基本形式：

$$\left.\begin{aligned}\sum F_x=0\\ \sum F_y=0\\ \sum m_O(\boldsymbol{F}_n)=0\end{aligned}\right\}$$

②二矩式：

$$\left.\begin{aligned}\sum F_x=0\\ \sum m_A=0\\ \sum m_B=0\end{aligned}\right\}$$

其中，y 轴不能垂直于 A、B 两点的连线。

③三矩式：

$$\left.\begin{aligned}\sum m_A=0\\ \sum m_B=0\\ \sum m_C=0\end{aligned}\right\}$$

其中，A、B、C 三点不能在同一条直线上。

(7) 平面平行力系的平衡方程。

基本形式

$$\left.\begin{aligned}\sum F_y=0\\ \sum m_O=0\end{aligned}\right\}$$

或为二力矩式

$$\left.\begin{aligned}\sum m_A=0\\ \sum m_B=0\end{aligned}\right\}$$

其中，A、B 两点的连线不能与各力平行。

(8) 平面汇交力系的平衡方程。

$$\left.\begin{aligned}\sum F_x=0\\ \sum F_y=0\end{aligned}\right\}$$

问题解析

1. 物体的平衡

一个物体在共点力作用下，如果保持静止或匀速直线运动状态，则这个物体就处于平衡状态。工程力学重点研究的物体平衡主要是指静态平衡，即指物体处于静止的状态，其特点是物体的速度为零，加速度为零，所受合力为零。

如果几个力的作用点处在同一点上，或者这几个力虽然不作用于同一点，但其作用线能够交于一点，其作用效果与几个力作用于同一点时是相同的，这样的力叫做共点力。当物体在共点力作用下保持静止或匀速直线运动状态时，就是处于平衡状态。

由于在共点力作用下物体保持静止或匀速直线运动状态，因而，共点力作用下物体的平衡条件是所受合力为零，即 $F_{合}=0$。

如果物体受三个共点力的作用而处于平衡状态，则此三力必定共面、共点且合力为零；而其中任意二力的合力必与第三个力的大小相等、方向相反，且作用在同一条直线上。

物体处于平衡状态是一种现象与结果，而其所受合力为零才是这种平衡状态的本质和原因。

2. 桥式起重机起吊事故调查

起重机械在现代工业中使用较为广泛，因其作业的活动范围大、环境复杂、对地面作业人员及设备构成威胁，故造成的事故的可能性也较大。同时，起重事故发生的原因也较多，主要有脱钩、钢丝绳折断、指挥信号不明或乱指挥、安全防护装置缺乏或失灵等。下面是对某企业发生的一起桥式起重机起吊事故的简单分析。

(1) 事故经过

在某企业发生一起桥式起重机起吊事故，事故经过是：1 台 30t/5t 桥式起重机在对一件长约 8 300mm、宽约 3 250mm、厚度为 120mm、质量约 25.4t 的拼焊钢板进行 180°翻身吊运时，由于操作者选用的钢丝绳及卸扣等起吊工具偏小，起吊方法有误，当桥式起重机起吊工件呈垂直状态，大车行驶约 30cm 时，承重 $\phi39$ 的卸扣销轴突然被剪切断开，钢板坠落在焊接平台上，1 台焊接设备当场砸损，所幸没有造成人身伤亡。

(2) 原因分析

①项目负责人接收此项任务后，因抢工期，急于抓生产进度，未能及时做好周密的组织工作，也未明确提出起吊的安全措施。

②操作者（架工）安全意识淡薄，未能认真检查工件上的两只临时吊耳重心与工件的重心是否一致，对工件起吊过程的重心变化考虑不周，用单根钢丝绳两端通过卸扣与吊耳连接。钢丝绳因起吊过程的重心变化而在吊钩中发生滑动，造成工件向一端倾斜（当时起吊的卸扣与钢板成 70°夹角，起吊质量为 13.5t），由于单根钢丝直接挂在吊钩上，加之重心偏移，导致夹角突然变小，使这一端吊点上的卸扣承重受力突然加大。从卸扣剪断面来分析，卸扣与吊耳由起吊时的面接触变成点接触，瞬间产生的拉力骤增且集中，因此造成卸扣销轴受力点被剪切拉断。

③操作者缺乏对同一规格而不同材质的卸扣许用负荷相差悬殊的有关知识，仅凭经验选用了 ϕ39 卸扣，却不知不同钢号的卸扣许用负荷相差悬殊，如 ϕ39 卸扣起吊质量分别为 6.3t、10t、12.5t。

常见吊钩、卸扣、索具等（摘自靖江市克瑞起重机械有限公司网站 http：//www.jscranes.com/Products.asp）见图 2-25。

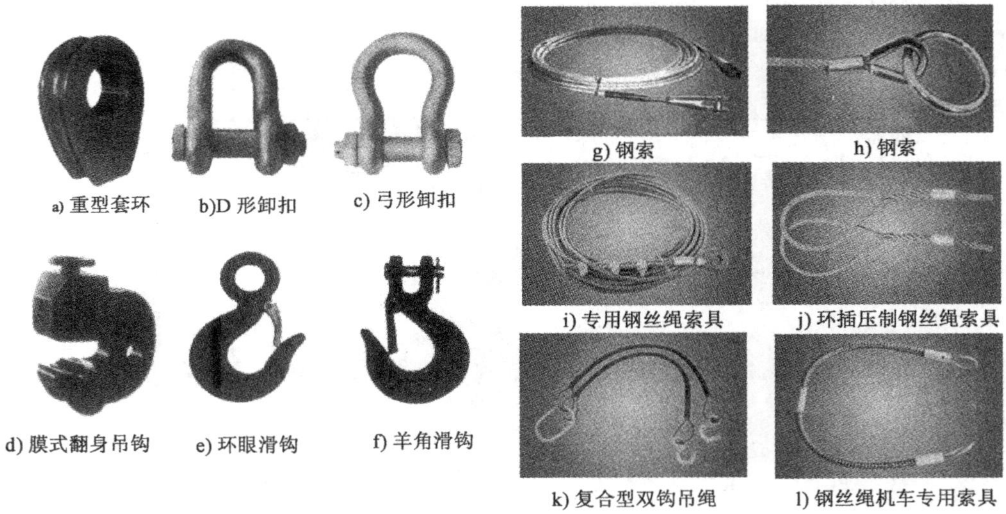

图 2-25　常见吊钩、卸扣、索具

思考与练习

1. 已知 $F_{P1}=50N$，$F_{P2}=60N$，$F_{P3}=90N$，$F_{P4}=80N$，各力方向如图

2-26 所示，试分别求各力在 x 轴和 y 轴上的投影。

2. 求图 2-27 中简支梁上的均布荷载分别对 A、B、C 和 D 点的力矩。

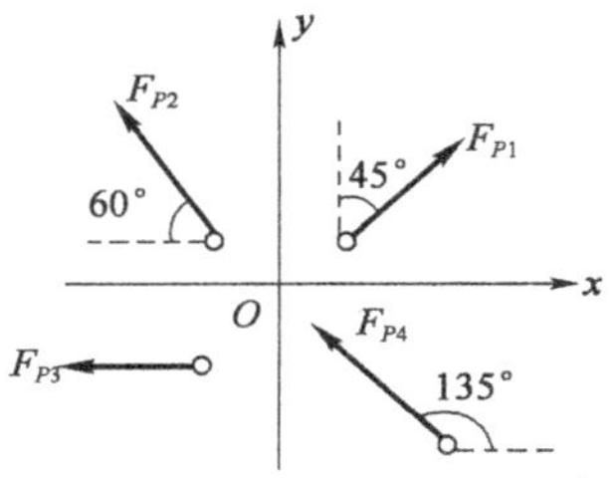

图 2-26 力的投影

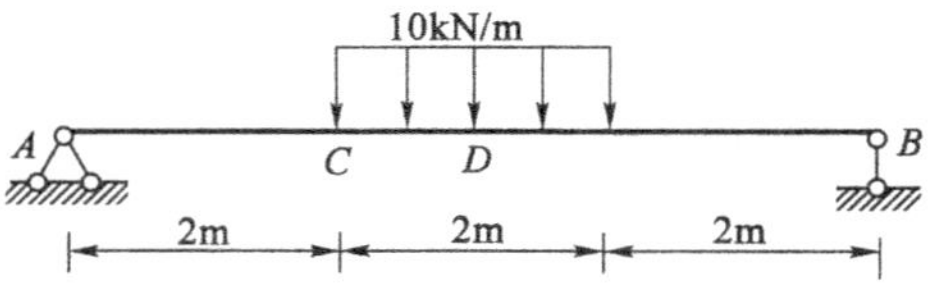

图 2-27 力矩的计算

3. 已知 $F_P=10\text{kN}$，A、B、C 三处都是铰接，杆自重不计，求图 2-28 所示三角支架各杆所受的力。

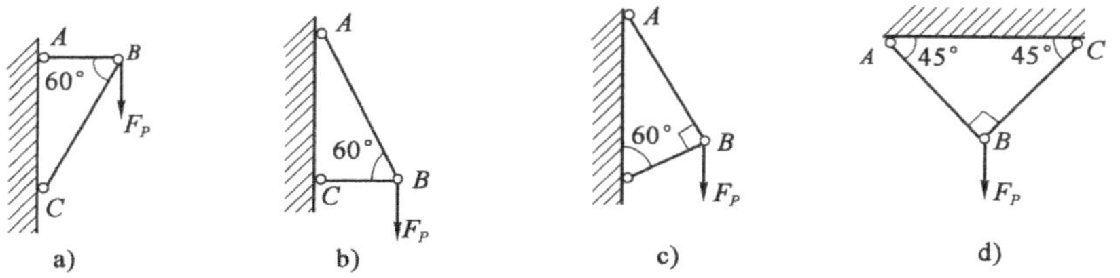

图 2-28 三角支架的受力计算

4. 求图 2-29 所示各梁的支座反力。

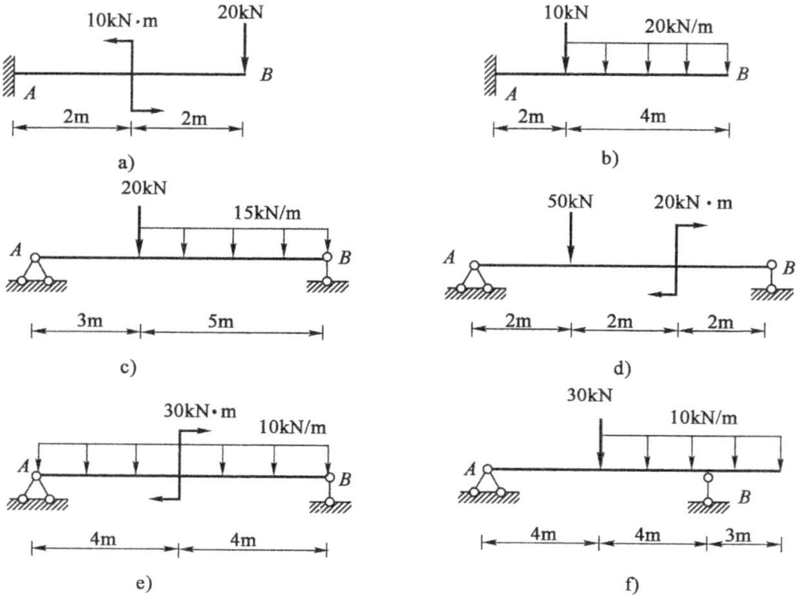

图 2-29 各梁支座反力的计算

5. 简支刚架的结构尺寸及受力情况如图 2-30 所示。已知 $q=4\text{kN/m}$，$F_P=10\ \text{kN}$，试求固定铰支座 A 的反力。

6. 已知 $F_{P1}=10\text{kN}$，$F_{P2}=20\text{kN}$，求图 2-31 所示刚架 A、B 的支座反力。

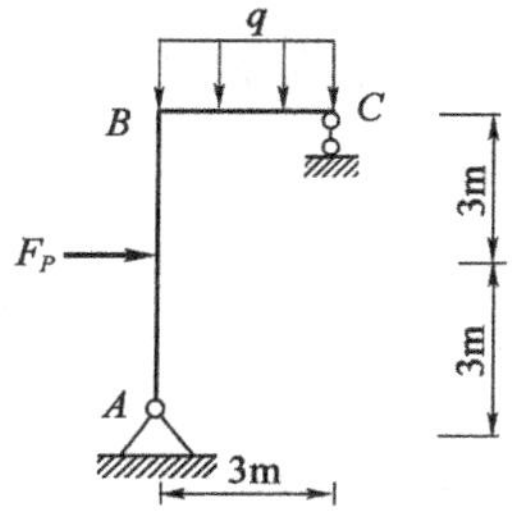

图 2-30　固定铰支座 A 的反力计算

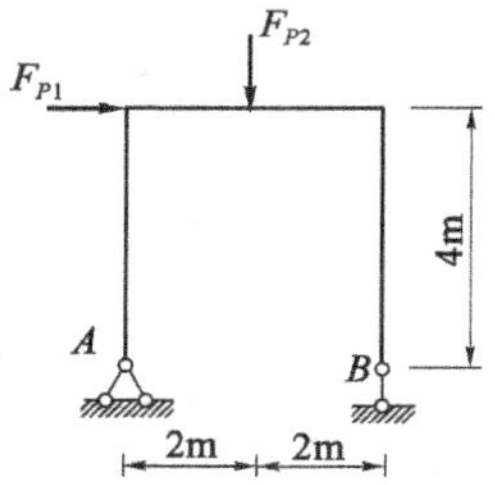

图 2-31　刚架 A、B 支座反力的计算

7. 求图 2-32 中两跨梁中 A、B、D 处的支座反力。

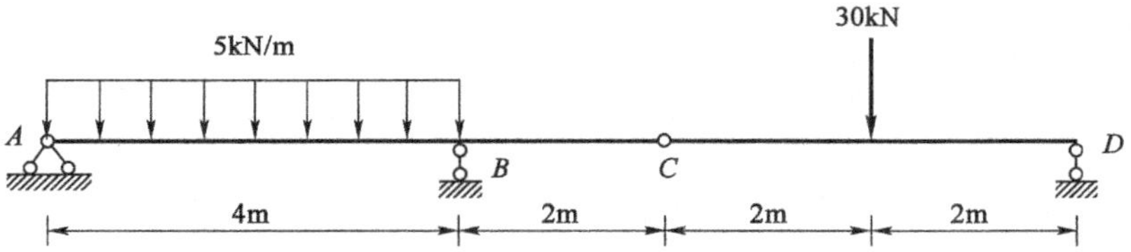

图 2-32　两跨梁中 A、B、D 支座反力的计算

8. 支持窗外凉台的水平梁 AB 承受的均布荷载 $\boldsymbol{q}$，在水平梁的外端从柱上传下荷载 $\boldsymbol{F}_P$，柱的轴线到墙的距离为 l，如图 2-33 所示。求墙体对水平梁固定端 A 的约束反力。

9. 如图 2-34 所示，放在地面上的梯子由两部分 AB 和 AC 在 A 点铰接，在 D、E 两点用绳子连接。梯子与地面间的摩擦和梯子自重不计，已知 AC 上作用有铅垂力 $\boldsymbol{F}_P$。试求：

(1) 分别画 AB、AC、整体 ABC 的受力图；

(2) 以整体为研究对象，计算梯子平衡时地面对梯子的作用力。

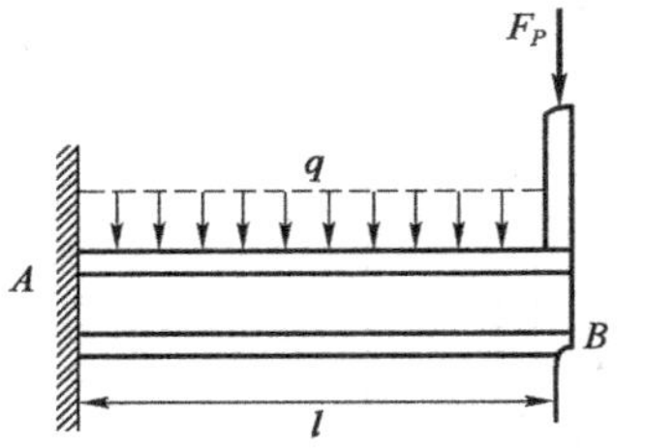

图 2-33　水平梁约束反力的计算

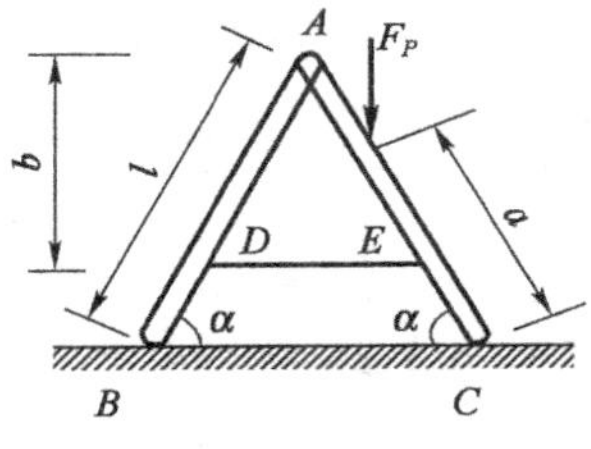

图 2-34　梯子

学习项目

以小组为单位，在校园内外考察调研起重施工作业项目，项目名称自拟。全面介绍该起重吊装项目的整体情况，每组完成考察报告和计算说明书一份，每人填写学习任务单一份。要求：利用课余时间，3 周内完成。

学习任务单

项目名称			
地点		时间	
小组成员与分工	组长________________ 网络信息收集________________ 图书资料查找________________ 受力分析与计算________________ 实地考察记录________________ 实地拍照________________ 资料整理________________ 其他________________		
项目学习目的	了解起重吊装作业的工作内容□　认识吊装设备、工具的种类与用途□　分析吊索的受力特点□　激发专业兴趣□　增加学习力学的兴趣□ 其他：________________		
考察内容	以小组为单位，在学校、居住地附近考察起重施工作业项目。 1. 拟订考察调研计划和项目名称，明确分工与任务，确定考察地点与时间。 2. 记录起重作业的地点、项目名称、使用的机索具、被吊装或运输的设备、起重设备的型号、安全注意事项、文明生产管理制度等。 3. 分析考察或调研的对象与力学相关的知识（如定理、定义、力学模型、力学基本计算等）。 4. 填写考察见习报告单及小组活动考核评价，并提出教学建议。 5. 其他：________________		
力学分析与计算内容	1. 图 2-1 中的平衡梁在自重和吊索的拉力作用下处于平衡，试对其进行受力分析，并画出平衡梁的受力图。 2. 设吊索与平衡梁的夹角为 45°，计算吊索所受的力。 3. 根据吊索拉力与夹角之间的关系，说明吊索与平衡梁的水平夹角不能过小的原因。		
学习成果形式	论文□　报告□　计算说明书□　图片□　图纸□		
学习效果自评	团队合作□　工作效率□　交流沟通能力□　获取信息能力□　计算能力□　表达能力□　安全意识□　环保意识□　遵纪守法意识□　严谨细致作风□ （根据小组完成任务情况填写 A：优秀；B：良好；C：合格；D：有待改进）		

自我检测

一、判断题

1. 若两个力在同一轴上的投影相等，则这两个力的大小必定相等。（　　）

2. 若通过平衡方程解出的未知力为负值时，则

(1) 表示约束反力的指向画反，应改正受力图。（　　）

(2) 表示该力的真实指向与受力图中该力的指向相反。（　　）

3. 平面一般力系有 3 个独立的平衡方程，可求解 3 个未知量。（　　）

4. 列平衡方程时，要建立坐标系求各分力的投影。为运算方便，通常将坐标轴选在与未知力平行或垂直的方向上。（　　）

5. 只要两个力大小相等、方向相反，该两力就组成一对力偶。（　　）

二、填空题

1. 力的作用线垂直于投影轴时，该力在轴上的投影值为______________。

2. 平面汇交力系平衡的几何条件为：力系中各力组成的力多边形______________。

3. 力偶对平面内任一点的矩恒等于______________，与矩心位置______________。

4. 建立平面任意力系的平衡方程时，为了方便解题，通常把坐标轴选在与______________的方向上；把矩心选在______________的作用点上。

5. 请你填写下表：

序　号	项　目	内　容
1	抄写单元标题	单元一：________ 单元二：________
2	摘写主要内容或公式	
3	自主学习情况	在小组学习项目的学习活动中，本人的学习情况： 团队合作□　工作效率□　交流沟通能力□　获取信息能力□　写作能力□　表达能力□　安全意识□　环保意识□　遵纪守法意识□　严谨细致作风□ （根据小组完成任务情况填写 A：优秀；B：良好；C：合格；D：有待改进）
4	学习存在的主要问题	
5	概述学习体会	
6	对教学的建议	
7	作出自我评价	优秀（　）　良好（　）　合格（　）　有待改进（　）
请你在学完单元 1 和单元 2 之后认真填写		

三、计算题

求图 2-35 所示各梁的支座反力。

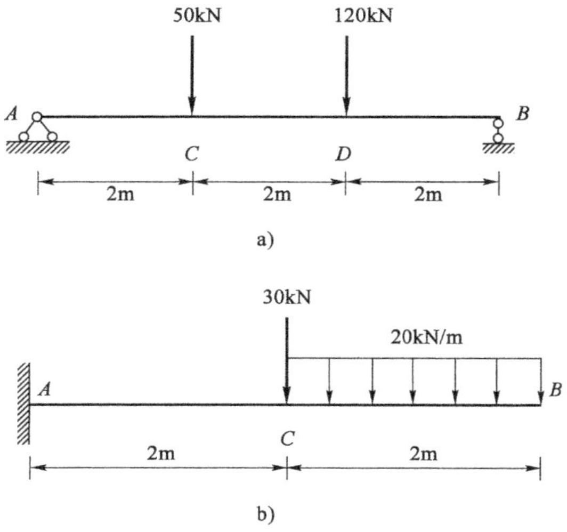

图 2-35　支座反力的计算

单 元 3

直杆轴向拉伸和压缩

学习目标

1. 能够判别杆件的四种基本变形和组合变形；
2. 会应用截面法求指定截面的轴力；
3. 能绘制和识读直杆的轴力图；
4. 能列举一个实物来解释强度的概念；
5. 能够对轴向拉（压）杆件的强度进行简单分析；
6. 能够对工程中的拉（压）构件进行定性分析；
7. 知道建筑施工中的脚手架的安全防护措施；
8. 掌握1～2种获取专业信息的方法。

读一读 脚手架

脚手架是建筑施工中不能缺少的安全防护与施工操作的工具，无论是结构施工、室内外装饰施工，还是设备安装都需要根据操作要求搭设脚手架。脚手架是指在施工现场为工人操作、堆放材料以及水平运输而搭设的安全防护支架，是施工的临时设施，是建筑工程施工中一项不可缺少的空中作业工具。

议一议

1. 如图3-1a）所示，对脚手架中的各杆的强度、刚度和稳定性要求是什么？

2. 如图3-1b）所示，在起吊过程中，哪些构件会发生轴向拉伸和压缩变形？

3. 如何选择所用钢丝绳型号以及如何确定所选钢丝绳才能够安全起吊？

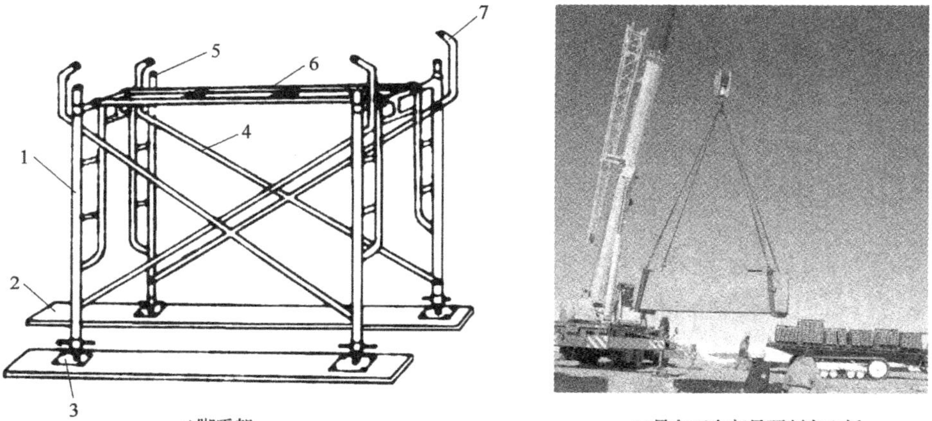

a)脚手架　　b)吊车正在起吊预制空心板

图3-1 脚手架和吊机

3.1 杆件四种基本变形及组合变形

本单元进一步分析了构件的变形问题，以保证和满足建筑施工过程中相应工作的安全性及经济合理性。

前面我们研究了物体所受外力的分析方法，为了分析的方便，我们把杆件看作为不变形的刚体，而实际上一般物体在外力的作用下，其几何形状和尺寸均要发生变化，甚至在外力增加到一定程度时，还会发生严重的变形及破坏。

在外力作用下，构件会发生变形，正常情况下，构件的变形与构件本身尺寸相比很小。当外力以不同的方式作用在构件上时，构件将会产生不同形式的变形，构件变形的形式主要有以下 5 种。

1 轴向拉伸与压缩变形

拉伸与压缩变形是受力杆件中最简单的变形，如图 3-2a）所示。在工程实际中，有很多产生拉（压）变形的实例，例如本章首页空心板起吊图片中的起吊钢筋（轴向拉伸）、吊车撑杆（轴向压缩）。

轴向拉（压）杆件的受力特点是：作用在杆件上的两个力（外力或外力的合力）大小相等、方向相反，且作用线与杆轴线重合。

轴向拉（压）杆件的变形特点是：杆件沿轴向发生伸长或缩短。

2 剪切变形

剪切变形是工程构件中常见的又一种变形形式，如图 3-2b）所示，在工程实际中，连接件主要产生此类变形，例如图 3-1b）空心板起吊图片中的连接起重吊钩与链环的销钉。剪切杆件的受力及变形特点是：在一对相距很近、方向相反的横向外力的作用下，杆件的横截面将沿外力的作用方向发生错动。这种变形形式称为剪切。

3 扭转变形

扭转也是构件常见的一种变形形式，如图 3-2c）所示，在工程实际中，主要是机械轴承发生此类变形，例如卷扬机卷筒轴、机械转向轴等。扭转杆件的受力及变形特点是：在一对大小相等、转向相反、位于垂直杆轴线的两平面内的力偶作用下，杆的任意横截面将发生绕轴线的相对转动。这种变形形式称为扭转。

4 弯曲变形

弯曲［图 3-2d)］，即在一对大小相等、转向相反、位于垂直杆的纵向平面内的力偶作用下，杆的任意两横截面将发生相对转动，此时杆件的轴线也将由直线变为曲线。这种变形形式称为弯曲。在工程实际中，许多构件都是发生弯曲变形的，例如图 3-1a）中 2 号和 6 号构件。

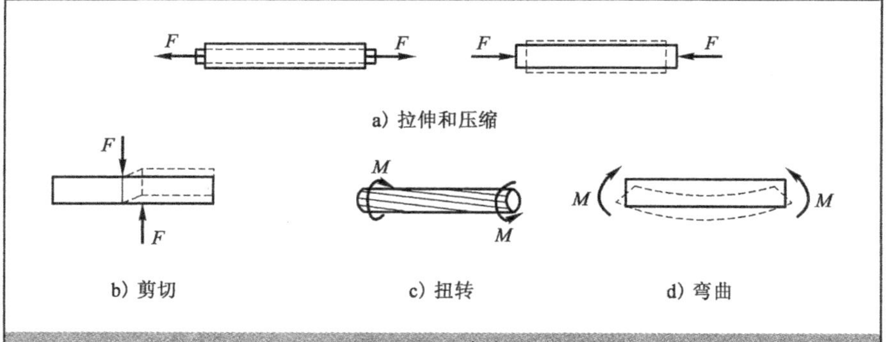

图 3-2 基本变形

* 5 组合变形

在实际工程中，除基本变形的杆件外，很多杆件都是处在两种或两种以上基本变形的组合情况下工作的。例如烟囱［图 3-3a)］和水塔［图 3-3b)］除因自重引起的轴向压缩外，还受水平力作用而弯曲。房屋的立柱在偏心压力的作用下，除产生轴向压缩变形外，同时还会产生弯曲变形。这种由两种或两种以上的基本变形组合而成的变形称为组合变形。

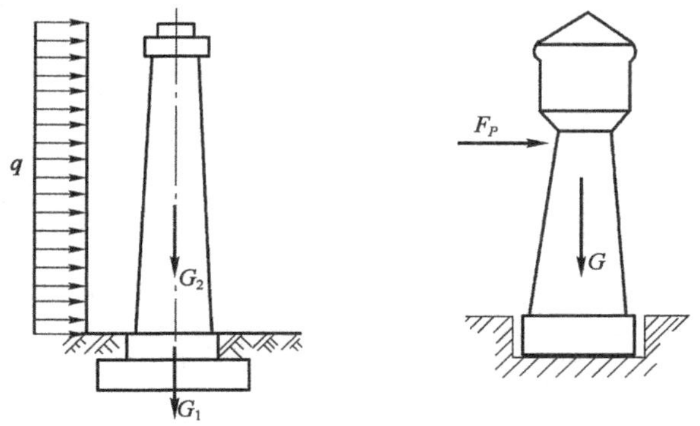

图 3-3 组合变形

3.2 直杆轴向拉、压横截面上的内力

在力学中，凡作用在杆件上的荷载和约束反力均称为外力。杆件在外力作用下会产生变形，从而杆件内部各部分之间就会产生相互作用力，这种由外力引起的杆件内部之间的相互作用力，称为内力。这种内力随外力的改变而改变。但是，它的变化是有一定限度的，不能随外力的增加而无限地增加。当内力加大到一定限度时，构件就会破坏，因而内力与构件的强度、刚度是密切相关的。研究杆件内力的方法是截面法。

一 用截面法求轴向拉（压）杆的内力

1 截面法

截面法是显示和确定内力的基本方法。

如图3-4a）所示拉杆，欲求该杆任一截面 m-m 上的内力，可沿此截面将杆件假想地截开分成 A 和 B 两个部分，任取其中一部分（A 部分）为研究对象［图3-4b)］，将弃去的部分 B 对保留部分 A 的作用以内力来代替。

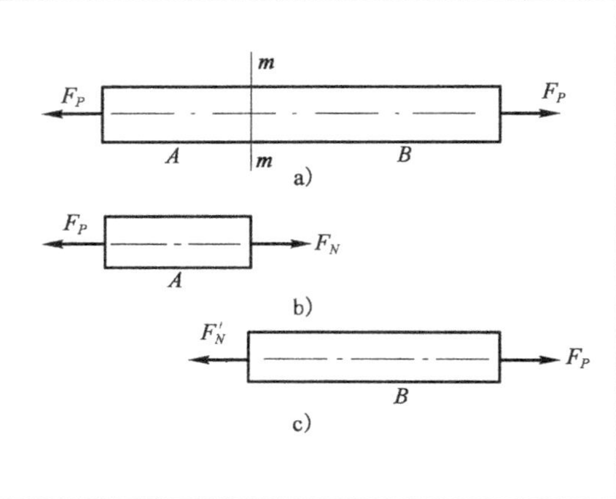

图3-4　受力图

由于杆件原来处于平衡状态，故截开后各部分仍应保持平衡。由平衡方程

$$\sum F_x=0,\ F_N-F_P=0$$

得

$$F_N=F_P$$

如果以杆的 B 部分为研究对象［图3-4c)］，求同一截面 m-m 上的内力时，可得相同的结果，即

$$\sum F_x=0,\ F'_N=F_P$$

这种显示并确定内力的方法称为截面法。

综上所述，截面法求内力的步骤可以归纳为：截取、代替、平衡。

截取：用一个假想的截面，将杆件沿需求内力的截面处截为两部分；取其中任一部分为研究对象。

代替：用内力来代替弃去部分对选取部分的作用。

平衡：用静力平衡条件，根据已知外力求出内力。

需要指出的是，截面上的内力是分布在整个截面上的，利用截面法求出的内力是这些分布内力的合力。

2 轴向拉（压）杆的内力——轴力

由于轴向拉（压）杆件的外力沿轴向作用，内力必然也沿轴向作用，故拉（压）杆的内力称为轴力。

轴力符号的规定：以产生拉伸变形时的轴力为正，产生压缩变形时的轴力为负。

下面通过例题讨论轴力的计算。

【例 3-1】 设一直杆 AB 沿轴向受力 $\boldsymbol{F}_{P1}$、$\boldsymbol{F}_{P2}$、$\boldsymbol{F}_{P3}$ 的作用［图 3-5a)］，试求杆各段的轴力。

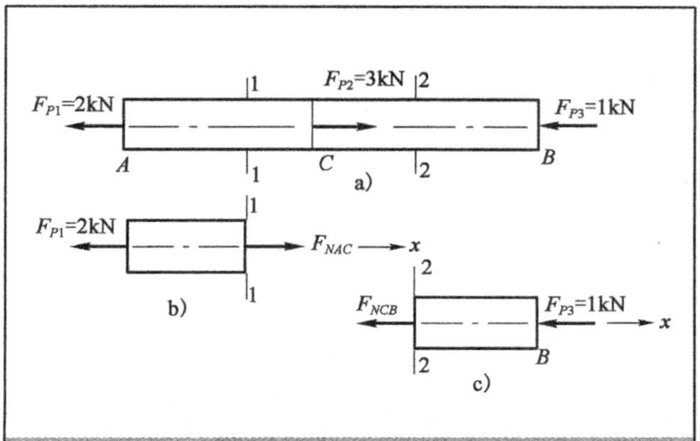

图 3-5 受力图

解：由于截面 C 处作用有外力 $\boldsymbol{F}_{P2}$，杆件 AC 段和 CB 段的轴力将不相同，因而需要分段研究。

(1) 在 AC 段内，用截面 1-1 将杆截开，取左段为研究对象，将右段对左段的作用以内力 $\boldsymbol{F}_{NAC}$ 代替［图 3-5b)］，且均假定轴力为拉力。由平衡方程

$$\sum F_x=0,\ F_{NAC}-F_{P1}=0$$

得

$$F_{NAC}=F_{P1}=2\text{kN}\ (\text{拉力})$$

(2) 求 CB 段的轴力，用截面 2-2 假想地将杆截开，取右段为研究对象，将左段对右段的作用以内力 $\boldsymbol{F}_{NCB}$ 代替［图 3-5c)］，由平衡方程

$$\sum F_x=0,\ -F_{NCB}-F_{P3}=0$$

得

$$F_{NCB}=-F_{P3}=-1\text{kN}\ (\text{压力})$$

根据上例，在计算轴力时应注意：

(1) 通常选取受力简单的部分为研究对象；

(2) 计算杆件某一段轴力时，不能在外力作用点处截开；

(3) 通常截面上的轴力先假设为正，当计算结果为正时，既说明假设方向正确，也说明轴力为拉力；若计算结果为负时，既说明实际方向与假设方向相反，也说明轴力为压力。

结论：杆件任一截面上的轴力，在数值上等于该截面一侧（左侧或右侧）所有轴向外力的代数和。在代数和中，外力为拉力时取正，为压力时取负。

二 轴力图

工程中常有一些杆件，其上受到多个轴向外力的作用，这时不同横截面上轴力将不相同。为了形象地表示轴力沿杆长的变化情况，通常要作出轴力图。

轴力图的绘制方法：用平行于杆轴线的坐标轴 x 表示杆件横截面的位置，以垂直于杆轴线的坐标轴 F_N 表示相应截面上轴力的大小，正的轴力画在 x 轴上方，负的轴力画在 x 轴下方。这种表示轴力沿杆件轴线变化规律的图形，称为轴力图。在轴力图上，除应标明轴力的大小、单位外，还应标明轴力的正负号。

【例 3-2】 杆件受力如图 3-6a）所示。已知 $F_{P1}=20\text{kN}$，$F_{P2}=50\text{kN}$，$F_{P3}=30\text{kN}$。试绘制杆件的轴力图。

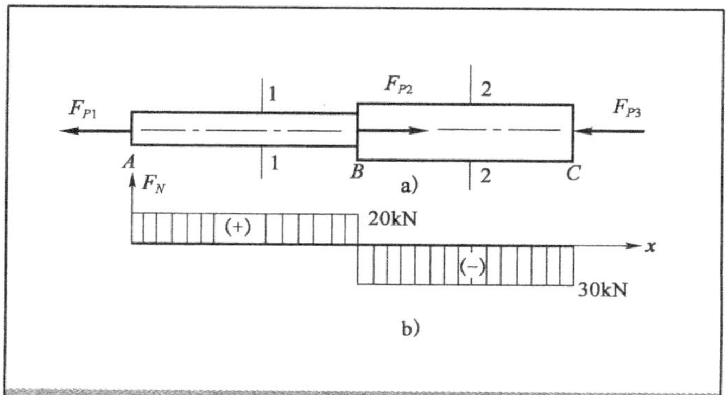

图 3-6 受力图与轴力图

解：（1）用结论计算杆件各段的轴力

由截面左侧的外力确定

$$F_{NAB}=F_{P1}=20\text{kN}\ (\text{拉力})$$

由截面右侧的外力确定

$$F_{NBC}=-F_{P3}=-30\text{kN}\ (\text{压力})$$

(2) 作轴力图

以平行于轴线的 x 轴为横坐标，垂直于轴线的 F_N 轴为纵坐标，将两段轴力标在坐标轴上，作出轴力图［图 3-6b)］。

3.3 直杆轴向拉、压横截面的正应力

轴向拉（压）杆横截面上只有正应力，且均匀分布。

一 应力的概念

两根材料相同而粗细不同的杆件，承受着相同的轴向压力，两杆的内力大小是相同的。但是，随着拉力的增加，细杆将首先被拉断，这说明只知道内力大小还不能判断杆件是否会因强度不足而破坏，还必须知道内力在横截面上分布的密集程度（集度）。细杆被拉断，是因为内力在较小面积上分布的密集程度大。由此可见，判断杆件的承载能力还需要进一步研究内力在横截面上分布的密集程度。

内力在单位面积上的分布集度称为应力，它反映了内力在横截面上分布的密集程度。与截面垂直的应力称为正应力，用 $\boldsymbol{\sigma}$ 表示。与截面相切的应力称为剪应力，用 $\boldsymbol{\tau}$ 表示。

应力的单位是：帕（Pa）、千帕（kPa）、兆帕（MPa）、吉帕（GPa）。

$$1\text{Pa}=1\text{N/m}^2$$

$$1\text{kPa}=10^3\text{Pa}$$

$$1\text{MPa} = 1\text{N/mm}^2 = 10^6\text{Pa}$$

$$1\text{GPa} = 10^9\text{Pa}$$

二 轴向拉（压）杆横截面上的正应力

为了确定横截面上的正应力 $\boldsymbol{\sigma}$，通常采用一个模拟的试验。取一直杆件，如图 3-7a)所示，在其表面任意画两条垂直于杆轴线的横向线 ab 和 cd。拉伸后可观察到横向线 ab、cd 分别平行移到了位置 $a'b'$ 和 $c'd'$，如图 3-7b)所示，即所有的纵向线都伸长了，且伸长量相等；所有的横向线变形后仍然是平行的直线，且与杆轴线垂直，只是相邻两横线间的距离加大了。

根据上述观察的现象，提出以下平面假设：变形前原为平面的横截面，变形后仍保持为平面，且垂直于杆轴线。根据这一假设可以得出结论：轴向拉（压）杆横截面上只有正应力，且均匀分布，如图 3-7c）所示。

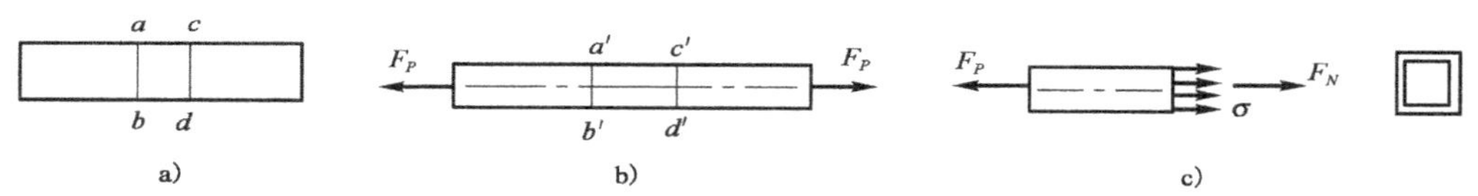

图 3-7 轴向拉杆受力图

由平面假设可知，拉杆横截面上的内力是均匀分布的，故各点处的应力大小相等。由于该应力垂直于横截面，故拉杆横截面上产生的应力为均匀分布的正应力。这一结论对于压杆也是成立的。

故轴向拉（压）杆横截面上的正应力计算公式为

$$\sigma = \frac{F_N}{A} \tag{3-1}$$

式中：F_N——横截面上的轴力；

A——横截面面积。

$\boldsymbol{\sigma}$ 的符号：正号表示拉应力；负号表示压应力。

【例 3-3】 有一根钢丝绳，其截面积为 0.725cm^2，受到 3 000N 的拉力，试求这根钢丝绳的应力是多少？

解： 因

$$F_P=3\,000\text{N}$$

$$A=0.725\text{cm}^2=0.725\times10^{-4}\text{m}^2$$

故

$$\sigma=\frac{F_N}{A}=\frac{3\,000}{0.725\times10^{-4}}\approx4.138\times10^7\text{Pa}$$

【例 3-4】 　铰接支架如图 3-8a）所示，AB 杆为 $d=16\text{mm}$ 的圆截面杆，BC 杆为 $a=100\text{mm}$ 的正方形截面杆，$F_P=15\text{kN}$，试计算各杆横截面上的应力。

解：（1）计算各杆的轴力

取节点 B 为研究对象［图 3-8b)］，设各杆的轴力为拉力。由平衡条件

$$\sum F_y=0,\quad F_{NBA}\sin30^\circ-F_P=0$$

得

$$F_{NBA}=\frac{F_P}{\sin30^\circ}=\frac{15}{0.5}=30\text{kN（拉力）}$$

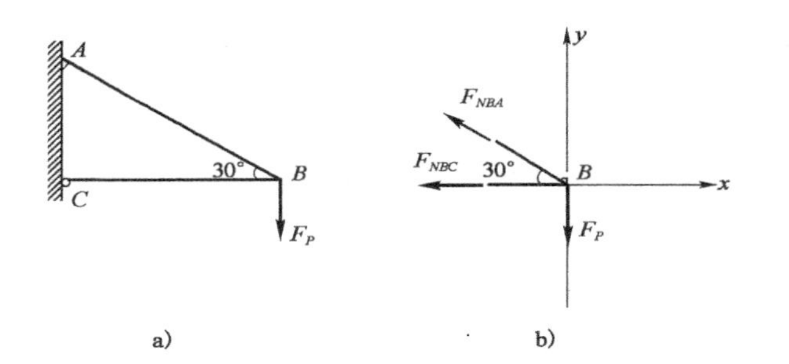

图 3-8　铰接支架受力图

由

$$\sum F_x=0,\quad F_{NBA}\cos30^\circ+F_{NBC}=0$$

得

$$F_{NBC}=-F_{NBA}\cos30^\circ\approx-30\times0.866\approx-26\text{kN（压力）}$$

（2）计算各杆的应力

$$\sigma_{BA}=\frac{F_{NBA}}{A_{BA}}=\frac{4F_{NBA}}{\pi d^2}=\frac{4\times30\times10^3}{3.14\times16^2}\approx149.3\text{MPa(拉应力)}$$

$$\sigma_{BC}=\frac{F_{NBC}}{A_{BC}}=-\frac{26\times10^3}{10^2\times10^2}=-2.6\text{MPa}(\text{压应力})$$

3.4 直杆轴向拉、压的强度计算

直杆轴向拉压强度计算的一般步骤是外力分析→内力计算→强度计算。

一 许用应力与安全系数

根据对材料的力学性质的研究可知，当塑性材料达到屈服极限时，有较大的塑性变形发生；当脆性材料达到强度极限时，会引起断裂。构件在工作时，这两种情况都是不允许发生的。我们把构件发生显著变形或断裂时的最大应力，称为极限应力，用 $\boldsymbol{\sigma}^0$ 表示。

塑性材料以屈服极限为极限应力，即

$$\sigma^0=\sigma_s$$

脆性材料以强度极限为极限应力，即

$$\sigma^0=\sigma_b$$

为了保证构件安全、正常工作，仅把工作应力限制在极限应力以内是不够的。因实际构件的工作条件受许多外界因素及材料本身性质的影响，故必须把工作应力限制在更小的范围，以保证有必要的强度储备。

我们把保证构件安全、正常工作所允许承受的最大应力，称为许用应力，用 $[\boldsymbol{\sigma}]$ 表示，即

$$[\sigma]=\frac{\sigma^0}{K} \tag{3-2}$$

式中：$[\sigma]$ ——材料的许用应力；

σ^0——材料的极限应力；

K——安全系数，$K>1$。

确定安全系数 K 时，主要应考虑的因素有：材料质量的均匀性，荷载估计的准确性，计算方法的正确性，构件在结构中的重要性及工作条件等。安全系数的选取涉及许多方面的问题。目前，国内有关部门已编制了一些规范和手册［如《公路桥涵设计通用规范》（JTG D60—2004）和《公路桥涵设计手册》］，可供我们在选取安全系数时作为参考。一般构件在常温、静载条件下：

塑性材料 $K_s=1.5\sim2.5$

脆性材料 $K_b=2\sim3.5$

许用应力 $[\boldsymbol{\sigma}]$ 是强度计算中的重要指标，其值取决于极限应力 $\boldsymbol{\sigma}^0$ 及安全系数 K。

塑性材料 $[\sigma]=\dfrac{\sigma_s}{K_s}$ 或 $[\sigma]=\dfrac{\sigma_{0.2}}{K_s}$

$\boldsymbol{\sigma}_{0.2}$为材料的名义屈服极限。

脆性材料 $[\sigma]=\dfrac{\sigma_b}{K_b}$

安全系数的选取和许用应力的确定，关系到构件的安全与经济两个方面。这两个方面往往是相互矛盾的，应该正确处理好它们之间的关系，片面地强调任何一方面都是不妥当的。如果片面地强调安全，采用的安全系数过大，不仅浪费材料，而且会使设计的构件变得笨重；相反，如果不适当地强调经济，采用的安全系数过小，则不能保证构件安全，甚至会造成事故。

二 轴向拉（压）杆的正应力强度条件

为了保证构件安全可靠的工作，必须使构件的最大工作应力不超过材料的许用应力。

拉（压）杆件的强度条件为

$$\sigma_{max}=\frac{F_{Nmax}}{A}\leqslant[\sigma] \tag{3-3}$$

式中：σ_{max}——最大工作应力；

F_{Nmax}——构件横截面上的最大轴力；

A——构件的横截面面积；

$[\sigma]$——材料的许用应力。

对于变截面直杆，应找出最大应力及其相应的截面位置，进行强度计算。

三 强度条件的应用

根据强度条件，可解决工程实际中有关构件强度的三类问题。

(1) 强度校核

已知构件的材料、横截面尺寸和所受荷载，校核构件是否安全，即

$$\sigma_{max}=\frac{F_{Nmax}}{A}\leqslant[\sigma]$$

本单元"议一议"3 中提到的问题可利用此条件对钢丝绳的强度进行校核。

*(2) 设计截面尺寸

已知构件承受的荷载及所用材料，确定构件横截面尺寸。即

$$A\geqslant\frac{F_{Nmax}}{[\sigma]}$$

由上式可算出横截面面积，再根据截面形状确定其尺寸。

本单元"议一议"3 中提到的问题可用此条件来初步确定钢丝绳的型号。

*(3) 确定许可荷载

已知构件的材料和尺寸，可按强度条件确定构件所能承受的最大荷载，即

$$F_{Nmax}\leqslant A\cdot[\sigma]$$

由 $F_{N\max}$，再根据静力平衡条件，可确定构件所能承受的最大荷载。

【例 3-5】　现准备用一根直径 20mm 的白棕绳，起吊 4 000N 的重物，试问是否安全。如果强度不够，试重新选择白棕绳的直径。已知白棕绳许用应力 $[\sigma]=10\text{MPa}$。

解：（1）强度校核。

白棕绳正应力

$$\sigma=\frac{F_N}{A}=\frac{4\,000}{\dfrac{\pi d^2}{4}}=\frac{4\,000}{314}\approx 12.7\text{MPa}>[\sigma]$$

不满足强度条件，不安全。

（2）选择白棕绳的直径。

根据强度条件得

$$A\geqslant\frac{F_N}{[\sigma]}=\frac{4\,000}{10}=400\text{mm}^2$$

$$d\geqslant\sqrt{\frac{4A}{\pi}}=\sqrt{\frac{4\times 400}{3.14}}\approx 22.57\text{mm}$$

在具体选择时，应选直径大于 22.57mm 规格的白棕绳。

【例 3-6】　图 3-9 所示简易支架的 AB 杆为木杆，已知 $F_P=100\text{kN}$，BC 杆为钢杆。木杆 AB 的横截面面积 $A_1=10\,000\text{mm}^2$，许用应力 $[\sigma_1]=7\text{MPa}$；钢杆 BC 的相应数据是：$A_2=1\,250\text{mm}^2$，$[\sigma_2]=160\text{MPa}$。试校核支架的强度。

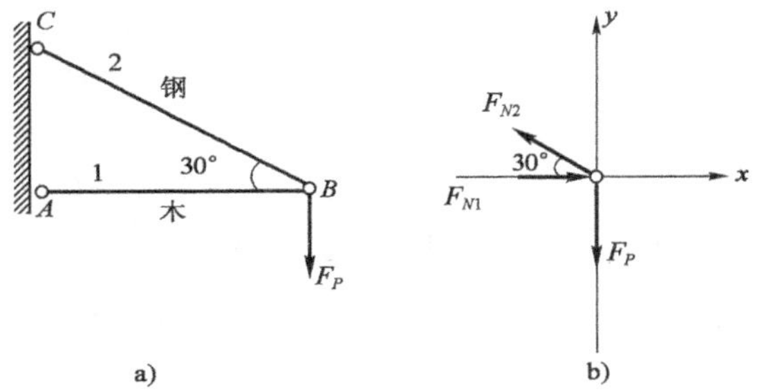

图 3-9　简易支架受力图

解：（1）根据平衡条件求两杆所受的力

以铰 B 为研究对象

$$\sum F_x=0,\quad F_{N1}-F_{N2}\cos30^\circ=0$$

$$\sum F_y=0,\quad F_{N2}\sin30^\circ-F_P=0$$

$$F_{N2}=2F_P\ （拉力），F_{N1}=1.732F_P\ （压力）$$

（2）根据应力公式计算两杆的正应力

$$\sigma_1=\frac{F_{N1}}{A_1}=\frac{1.732\times100\times10^3}{10\ 000}=17.32\text{MPa}$$

$$\sigma_2=\frac{F_{N2}}{A_2}=\frac{2\times100\times10^3}{1\ 250}=160\text{MPa}$$

（3）根据强度条件校核支架强度

$\sigma_1=17.32\text{MPa}>[\sigma_1]$，因此 AB 杆强度不足。

$\sigma_2=160\text{MPa}<[\sigma_2]$，因此 BC 杆强度满足要求。

由此可知，因 AB 杆强度不满足强度条件要求，所以支架强度不够，不安全。

*3.5 直杆轴向拉、压的变形

本节为选修内容。

1 弹性变形和塑性变形

材料在受到外力作用时产生变形或者尺寸的变化，卸载后能够恢复的那部分变形，称为弹性变形。弹性变形的重要特征是其可逆性，即受力作用后产生变形，卸除荷载后，变形消失。如橡皮筋、弹簧等［图 3-10a)］。当外荷载超过某极限值时，卸载后消除一部分弹性变形外，还将存在一部分未消失的变形，称为塑性变形，如打铁［图 3-10b)］。

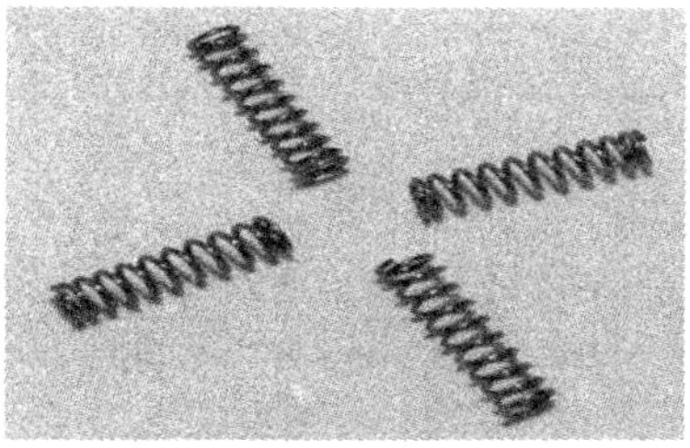

a)弹簧

b)打铁

图 3-10 弹性变形和塑性变形

2 胡克定律

如图 3-11 所示，设杆件原长为 l，受轴向拉力 $\boldsymbol{F}_P$ 作用，变形后的长度为 l_1，则杆件长度的改变量为

$$\Delta l = l_1 - l$$

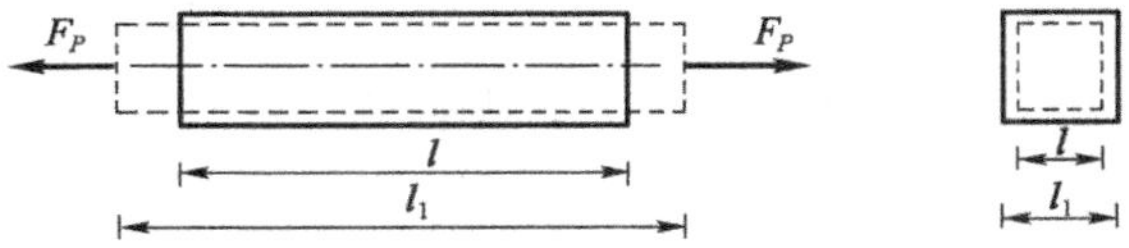

图 3-11 杆件受力图

Δl 称为线变形（或绝对变形），伸长时 Δl 为正号，缩短时 Δl 为负号。

试验表明，在材料的弹性范围内，Δl 与外力 $\boldsymbol{F}_P$ 和杆长 l 成正比，与横截面面积 A 成反比，即

$$\Delta l \propto \frac{F_P l}{A}$$

引入比例系数 E，由于 $F_P = F_N$，上式可写为

$$\Delta l = \frac{F_N l}{EA} \tag{3-4}$$

式（3-4）为胡克定律的数学表达式。比例系数 E 称为材料的拉（压）弹性模量，它与材料的性质有关，是衡量材料抵抗变形能力的一个指标。

各种材料的 E 值由试验测定，其单位与应力的单位相同。一些常用材料的 E 值列入表 3-1 中。EA 称为杆件的抗拉（压）刚度，它反映了杆件抵抗拉（压）变形的能力，对长度相同，受力相等的杆件，EA 越大，变形 Δl 就越小；反之，EA 越小，变形 Δl 就越大。

常用材料的 E、μ 值 表 3-1

材料名称	弹性模量 E (GPa)	泊松比 μ	材料名称	弹性模量 E (GPa)	泊松比 μ
碳钢	200～220	0.25～0.33	16 锰钢	200～220	0.25～0.33
铸铁	115～160	0.23～0.27	铜及其合金	74～130	0.31～0.42
铝及硬铝合金	71	0.33	花岗石	49	
混凝土	14.6～36	0.16～0.18	木材（顺纹）	10～12	
橡胶	0.008	0.47			

由式（3-4）可以看出，杆件的线变形 Δl 与杆件的原始长度 l 有关。为了消除杆件原长 l 的影响，更确切地反映材料的变形程度，将 Δl 除以杆件的原长 l，用单位长度的变形 ε 来表示，即

$$\varepsilon = \frac{\Delta l}{l} \tag{3-5}$$

ε 称为相对变形或线应变，是一个无单位的量。拉伸时，Δl 为正值，ε 也为正值；压缩时，Δl 为负值，ε 也为负值。

若将式（3-5）改写为

$$\frac{\Delta l}{l} = \frac{1}{E} \times \frac{F_N}{A}$$

并将 $\frac{\Delta l}{l}=\varepsilon$，$\frac{F_N}{A}=\sigma$ 这两个关系式代入上式，可得胡克定律的另一个表达形式

$$\sigma = E \cdot \varepsilon \tag{3-6}$$

式（3-6）又可表述为：当应力在弹性范围内时，应力与应变成正比。

单元小结

（1）本单元讨论了杆件内力计算的基本方法——截面法。主要公式有：

①正应力公式：

$$\sigma=\frac{F_N}{A}$$

②胡克定律：

$$\Delta l=\frac{F_N l}{EA}\quad 或\quad \sigma=E\cdot\varepsilon$$

③强度条件：

$$\sigma_{max}=\frac{F_{Nmax}}{A}\leqslant[\sigma]$$

（2）本单元重点：拉（压）杆件的受力特点和变形特点；内力、应力、应变等基本概念；轴向拉（压）杆的应力的计算，轴向拉（压）杆的强度条件及其应用。

（3）强度计算是工程力学研究的主要问题。强度计算的一般步骤如下：

①外力分析。分析杆件所受外力情况，根据受力特点，判断杆件产生哪种基本变形并确定其大小（荷载与支座反力）。

②内力计算。截面法是计算内力的基本方法，应当熟练掌握。由截面法可归纳出求内力的结论（外力与轴力的关系），利用结论计算内力是非常简捷的。

③强度计算。利用强度条件可解决三类问题：进行强度校核；选择截面尺寸和确定许可荷载。

问题解析

1. 强度和强度条件的概念

强度是指构件抵抗破坏的能力。房屋结构的每一个构件承受荷载后都不允许发生破坏，如屋架、立柱、吊车梁、基础梁、承重墙等都不允许发生断裂。这就要求每一个构件应具有足够的抵抗破坏的能力，这种能力称为强度。

强度条件公式为：$\sigma_{max}=\frac{F_N}{A}\leqslant[\sigma]$，要注意式中的 σ_{max} 与 $[\sigma]$ 的区别。$\sigma_{max}=\frac{F_N}{A}$，表示的是在荷载作用下构件的工作应力，这个值只与内力（由外力引起的）和截面尺寸有关，与材料无关。$\frac{F_N}{A}\leqslant[\sigma]$ 是强度条件，是构件能安全承载的依据。式中的 $[\sigma]$ 表示的是所用材料本身的性质，是由试验测定的，不是工作时外力引起的内力。

2. 砖浸水后强度下降

某地发生历史罕见的洪水。洪水退后，许多砖房倒塌，其砌筑用的砖多为未烧透的多孔的红砖，如图 3-12 所示。请分析原因。

分析：这些红砖没有烧透，砖内开口孔隙率大，吸水率高。吸水后，红砖强度下降，特别是当有水进入砖内时，未烧透的黏土遇水分散，强度下降更大，不能承受房屋的重量，从而导致房屋倒塌。

3. 起重麻绳的用途与拉力计算

麻绳是起重吊装作业中的常用索具（图 3-13），在施工作业中麻绳承受拉力会出现轴向拉伸变形。因此，应对麻绳进行拉伸强度核算。麻绳在起重作业中，一般用于 500kg 以内的重物的绑扎与吊装，或用作揽风绳、平衡绳、溜放绳等，它具有轻便、柔软、易捆绑、价格低等优点，但其强度较低，耐磨性、耐蚀性较差。

图 3-12　浸水后的红砖

图 3-13　麻绳

麻绳按原料的不同一般分为白棕绳、混合麻绳和线麻绳等几种，其中以白棕绳质量较好，应用较普遍。

麻绳的破断拉力计算如下。

麻绳负荷能力估算：麻绳可以承受的拉力 $\boldsymbol{F_S}$（负荷能力）可用下式估算

$$F_S \leqslant \frac{\pi d^2}{4}[\sigma]$$

式中：F_S——麻绳能承受的拉力，N；

d——麻绳的直径，mm 或 cm；

$[\sigma]$——麻绳的许用应力（表 3-2），MPa。

麻绳的许用应力 $[\boldsymbol{\sigma}]$ 值表（MPa） 表 3-2

种　类	起　重　用	捆　扎　用	种　类	起　重　用	捆　扎　用
混合麻绳	5.5		浸油白棕绳	9	4.5
白棕绳	10	5			

麻绳允许拉力验算：为保证起重作业安全，需对所使用的麻绳进行强度验算，其验算公式如下

$$[F_P] \leqslant \frac{F_{SP}}{K}$$

式中：$[F_P]$——麻绳使用时的允许拉力，N；

F_{SP}——麻绳的极限拉力，N；

K——麻绳的安全系数（表 3-3）。

麻绳的安全系数 K 值表 表 3-3

适用场所	混合麻绳	白棕绳
底面水平运输设备、作溜绳	5	3
空中挂吊设备	8	6
载人	不准用	10～15

4. 轴力图的绘制

试求如图 3-14 所示杆 1-1、2-2、3-3 截面的轴力，并作轴力图。

解：（1）求约束反力 F_R

$$\sum F_x=0,\ -F_R+40+30-20=0$$

$$F_R=50\text{kN}$$

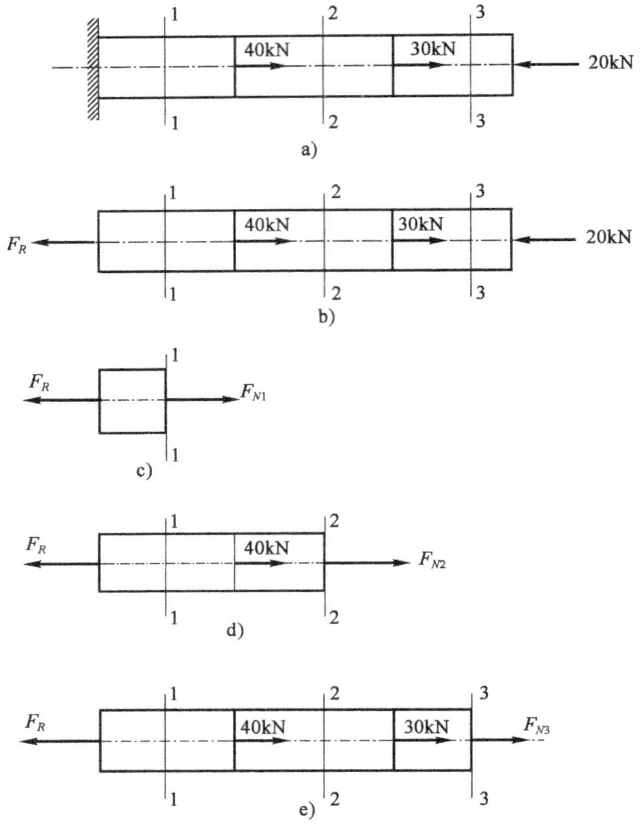

图3-14　受力图

（2）如图3-14c)，求截面1-1的轴力

$$\sum F_x=0,\ -F_R+F_{N1}=0$$

$$F_{N1}=50\text{kN}$$

（3）如图3-14d)，求截面2-2的轴力

$$\sum F_x=0,\ -F_R+40+F_{N2}=0$$

$$F_{N2}=10\text{kN}$$

（4）如图3-14e)，求截面3-3的轴力

$$\sum F_x=0,\ -F_R+40+30+F_{N3}=0$$

$$F_{N3}=-20\text{kN}$$

（5）画轴力图（图3-15）

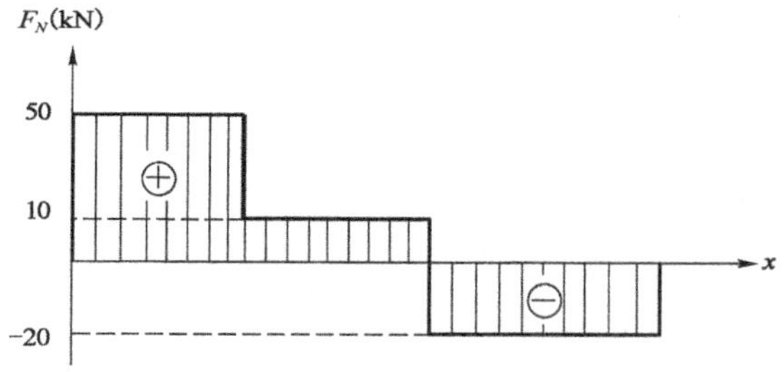

图 3-15　轴力图

思考与练习

1. 四种基本变形的受力特点和变形特点是什么？

2. 何谓组合变形？

3. 两根材料不同，横截面面积不相等的拉杆，受相同的轴向拉力，它们的内力是否相等？

4. 轴力和横截面面积相等，但截面形状和材料不同的拉杆，它们的应力是否相等？

5. 如图 3-16 所示，求指定截面 1-1、2-2 上的轴力，并作图中各杆的轴力图。

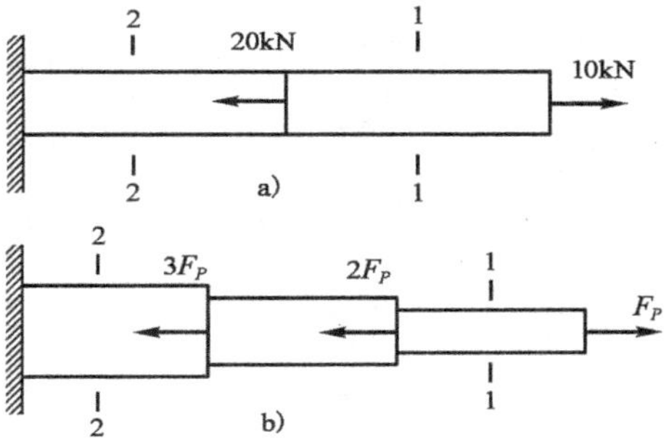

图 3-16　受力图

6. 如图 3-17 所示直杆，横截面 1-1、2-2、3-3 的面积分别为 $A_1=200\text{mm}^2$，$A_2=300\text{mm}^2$，$A_3=400\text{mm}^2$，求各横截面上的应力。

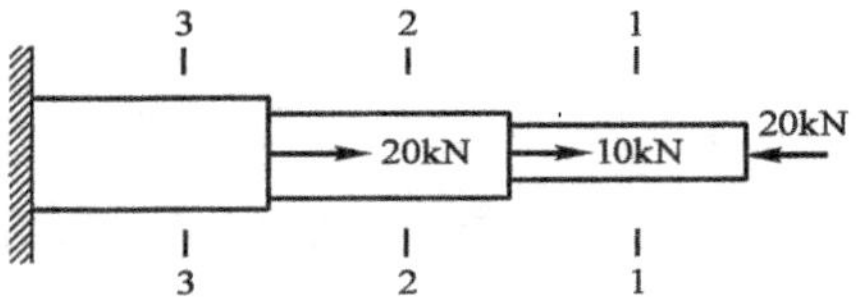

图 3-17　受力图

7. 圆钢杆上有一槽，如图 3-18 所示，已知钢杆受拉力 $F_P=15\text{kN}$ 作用，钢杆直径 $d=20\text{mm}$。试求 1-1 和 2-2 截面上的应力（槽的面积可近似看成矩形，不考虑应力集中）。

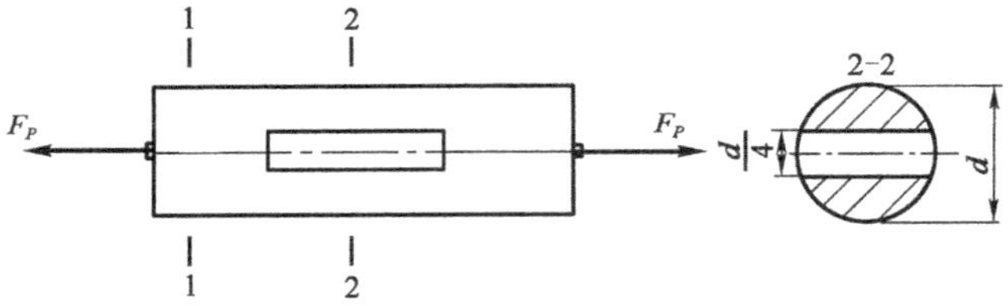

图 3-18　圆钢杆受力图

8. 如图 3-19 所示，起重吊钩的上端用螺母固定，若吊钩螺栓柱内径 $d=55\text{mm}$，外径 $D=63.5\text{mm}$，材料许用应力 $[\sigma]=80\text{MPa}$，试校核吊钩起吊重物 $F_P=170\text{kN}$ 时螺栓的强度。

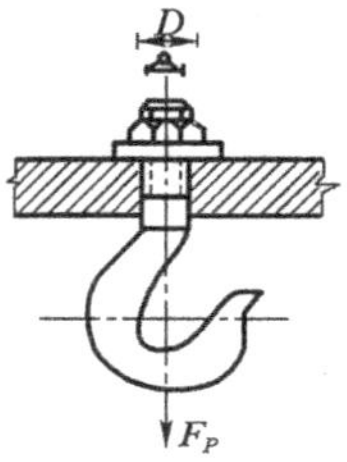

图 3-19　起重吊钩受力图

9. 一载物木箱重 5kN，用绳索吊起，如图 3-20 所示，试问每根吊索受力多少？如吊索用麻绳，试选择麻绳的直径。麻绳的许用拉力如表 3-4 所示。

麻绳的许用拉力　　表 3-4

麻绳直径 (mm)	20	22	25	29
许用拉力 (N)	3 200	3 700	4 500	5 200

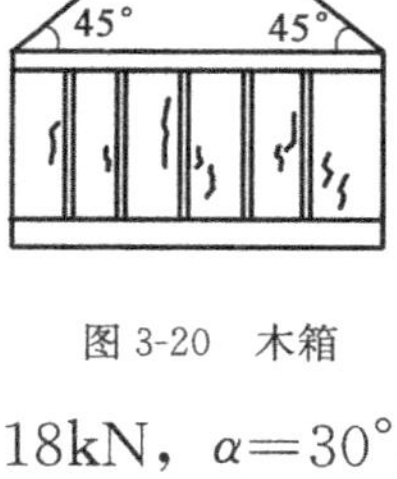

图 3-20　木箱

10. 简单支架 BAC 的受力如图 3-21 所示。已知 $F=18\text{kN}$，$\alpha=30°$，$\beta=45°$，AB 杆的横截面面积为 300mm^2，AC 杆的横截面面积为 350mm^2，试

求：(1) 各杆横截面上的拉应力；(2) 两杆的许用应力 $[\sigma]=160\text{MPa}$，校核两杆的拉伸强度。

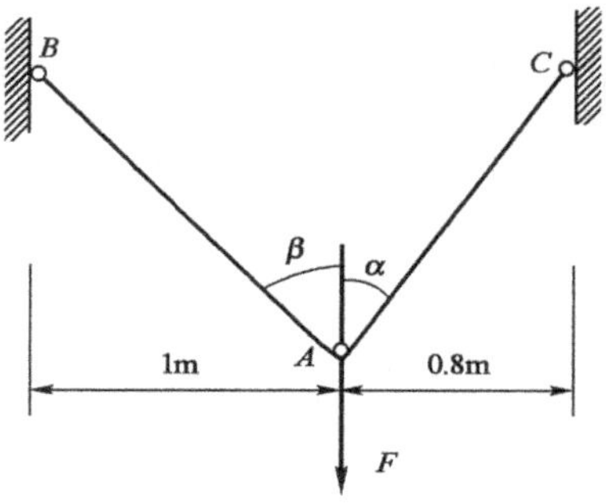

图 3-21　简单支架结构图

学习项目

以小组为单位，采取个人收集资料和集体讨论的方法，由组长填写小组课外学习任务单。

学 习 任 务 单

学习项目简述	题　　目	脚手架的受力分析
	学习内容	1. 列举脚手架的种类； 2. 重点介绍一种脚手架的基本组成部分、构造特点和受力特点； 3. 搭设和拆除该种脚手架主要的技术要求； 4. 脚手架主要有哪些安全防护设施
学习项目内容描述		

续上表

资料收集主要途径	图书馆期刊查阅□　图书馆专业书籍查阅□　书店专业书刊查阅□　网络信息搜索□　施工现场调研□　向老师咨询□　向专业技术人员咨询□
完成项目主要困难	
小组成员	
组长签名	年　月　日
教师批阅	年　月　日

自我检测

一、填空题

1. 作用于直杆上的外力（合力）作用线与杆件的轴线________时，杆只产生沿轴线方向的或__________变形，这种变形形式，称为轴向拉伸或压缩。

2. 在国际单位制中，应力的单位是帕，1Pa=______ N/m^2，1MPa=______ Pa，1GPa=______ Pa。

3. 构件在外力作用下，单位面积上的______称为应力，用符号______表示；应力的正负规定与轴力______，拉应力为______，压应力为______。

4. 根据材料的抗拉、抗压性能的不同，工程实际中低碳钢材料适宜作受__________杆件，铸铁材料适宜作受__________杆件。

5. 确定容许应力时，对于脆性材料的______为极限应力，而塑性材料以______为极限应力。

二、选择题

1. 变截面直杆 ABC 如图 3-22 所示。设 $\boldsymbol{F}_{NAB}$、$\boldsymbol{F}_{NBC}$ 分别表示 AB 段和 BC 段的轴力，$\boldsymbol{\sigma}_{AB}$ 和 $\boldsymbol{\sigma}_{BC}$ 分别表示 AB 段和 BC 段上的应力，则下列结论正确的是（　　）。

A. $F_{NAB}=F_{NBC}$，$\sigma_{AB}=\sigma_{BC}$

B. $F_{NAB}\neq F_{NBC}$，$\sigma_{AB}\neq\sigma_{BC}$

C. $F_{NAB}=F_{NBC}$，$\sigma_{AB}\neq\sigma_{BC}$

D. $F_{NAB}\neq F_{NBC}$，$\sigma_{AB}=\sigma_{BC}$

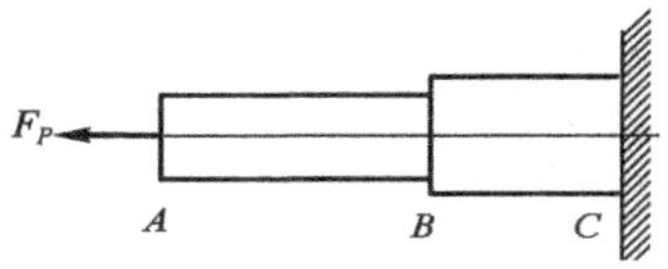

图 3-22　变截面直杆

2. 拉（压）杆应力公式 $\sigma=\dfrac{F_N}{A}$ 的应用条件是（　　）。

A. 应力在比例极限内　　B. 外力合力作用线必须沿着杆的轴线

C. 应力在屈服极限内　　D. 杆件必须为矩形截面杆

三、计算题

1. 横截面面积为 10cm^2 的钢杆如图 3-23 所示。已知 $F_P=20\text{kN}$，$F_Q=20\text{kN}$，试作杆的轴力图，求杆 A 截面上的正应力。

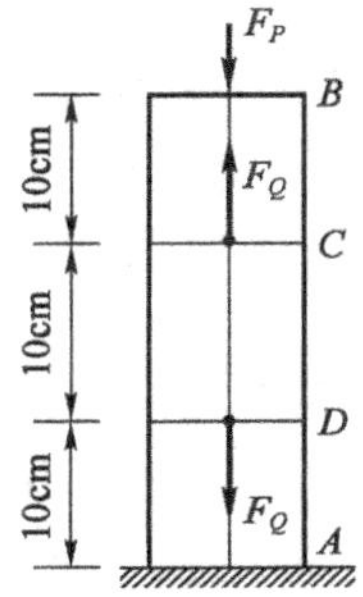

图 3-23　等截面直杆

2. 如图 3-24 所示为起吊钢管的情况。已知钢管的重力 $G=10\text{kN}$，绳索的直径 $d=40\text{mm}$，其许用应力 $[\sigma]=10\text{MPa}$，试校核绳索的强度。

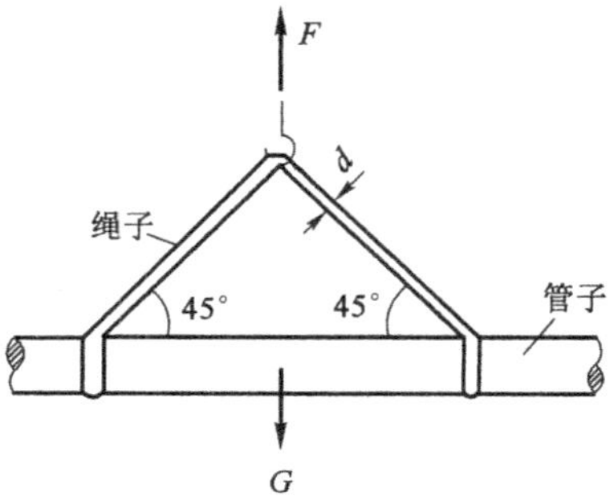

图 3-24 起吊钢管

单 元 4

直 梁 弯 曲

学习目标

1. 能够认识三种单跨梁并绘制相应简图；
2. 能够运用截面法计算单跨梁在简单荷载下的剪力和弯矩；
3. 能够绘制单跨梁在简单荷载下的内力图；
4. 能够运用正应力强度条件解决工程实际中基本构件的强度校核问题；
5. 会叙述挠度和转角的定义；
6. 能够分析建筑物中典型构件的弯曲强度问题；
7. 具备严谨细致的工作作风和安全意识。

读一读　钢筋混凝土梁中纵向受力钢筋的布置

在钢筋混凝土梁中，钢筋主要承担其中的拉力，混凝土主要承担压力。在各种类型的梁中，钢筋的布置是不同的，如简支梁桥［图 4-1a)］中纵梁的纵向受力钢筋布置在梁的下侧，且到两端处布置弯起钢筋；阳台挑梁［图 4-1b)］纵向受力钢筋布置在挑梁的上侧。

想一想

1. 在简支梁桥的纵梁中的纵向受力主筋为什么布置在梁的下侧，而在阳台挑梁中则布置在梁的上侧？

2. 如图 4-1 所示，在梁的两端为什么布置了弯起钢筋，其作用是什么？

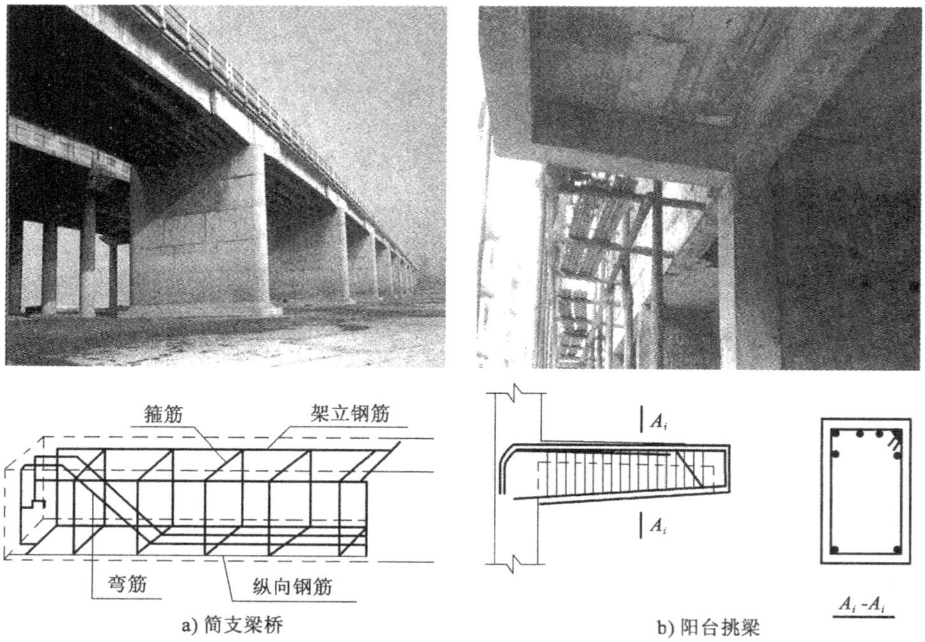

图 4-1　钢筋的布置

4.1 梁的形式

弯曲变形是工程中最常见的一种基本变形。通常将发生弯曲变形的构件称为梁。梁可分为简支梁、悬臂梁、外伸梁三种形式。

如图 4-2 所示，当构件承受垂直于其轴线的外力，或位于纵向对称平面内的力偶作用时，其轴线由原来的直线变为曲线，这种变形称为弯曲变形。将荷载位于纵向对称平面内的弯曲变形称为平面弯曲。

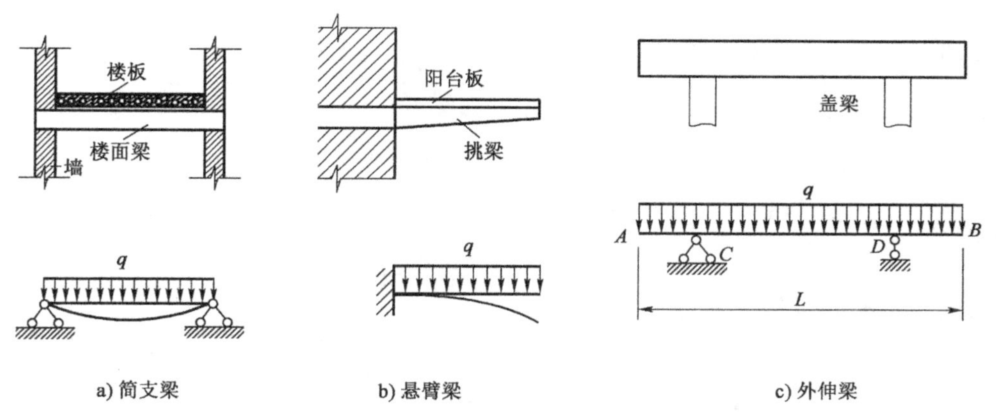

图 4-2 梁的形式

(1) 简支梁。一端为固定铰支座，而另一端为可动铰支座，如图 4-2a) 所示。

(2) 悬臂梁。一端为固定端，另一端为自由端的梁，如图 4-2b) 所示。

(3) 外伸梁。简支梁的一端或两端伸出支座之外的梁，如图 4-2c) 所示。

4.2 梁的内力

梁受到外力作用后，各个横截面上将产生内力——剪力和弯矩。

一 梁的内力——剪力和弯矩

以图 4-3 所示的简支梁为例来分析梁横截面上的内力。

设梁在外力 $\boldsymbol{F}_P$ 作用下处于平衡状态，如图 4-3a）所示。先对梁进行受力分析：梁受到外力 $\boldsymbol{F}_P$ 以及支座反力 $\boldsymbol{F}_{RA}$、$\boldsymbol{F}_{RB}$ 的作用，在该三力作用下梁处于平衡状态。

现在用一个假想的截面 $m\text{-}m$ 将梁截为左、右两段，取左段为研究对象（也可取右段为研究对象，可得出相同的结论）。左段梁在 A 处受到方向向上的支座反力（外力）$\boldsymbol{F}_{RA}$ 作用，为保持左段梁的平衡，在截面 $m\text{-}m$ 上必定有一个与 $\boldsymbol{F}_{RA}$ 大小相等、方向相反的内力存在，这个内力用 $\boldsymbol{F}_Q$ 表示，称为剪力，如图 4-3b）所示。而此时的内力 $\boldsymbol{F}_Q$ 与 $\boldsymbol{F}_{RA}$ 不共线，构成一个力偶，根据力偶只能与力偶平衡的性质可知，在梁的 $m\text{-}m$ 截面上，除了剪力 $\boldsymbol{F}_Q$ 以外，必定还存在一个内力组成的力偶来与力偶（$\boldsymbol{F}_Q$，$\boldsymbol{F}_{RA}$）相平衡，这个内力偶的力偶矩用 $\boldsymbol{M}$ 表示，称为弯矩，如图4-3b）所示。由此可见，梁发生弯曲时，横截面上同时存在两个内力——剪力 $\boldsymbol{F}_Q$ 和弯矩 $\boldsymbol{M}$。剪力的常用单

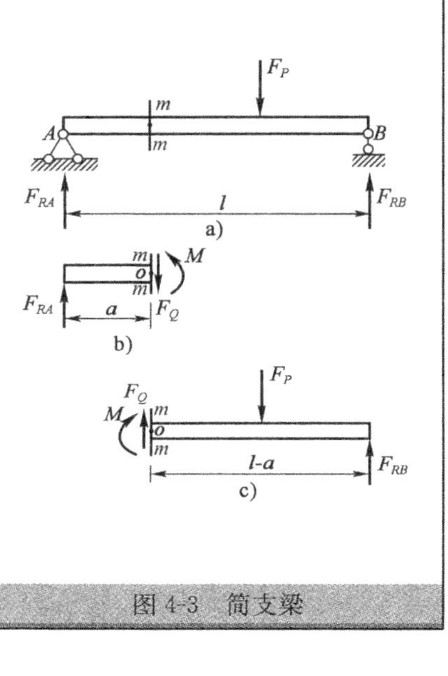

图 4-3 简支梁

位为牛顿（N）或千牛顿（kN），弯矩的常用单位为牛顿米（N·m）或千牛顿米(kN·m)。

剪力和弯矩的大小可由左端梁的静力平衡条件确定，由

$$\sum F_y=0,\ F_{RA}-F_Q=0$$

$$F_Q=F_{RA}$$

$$\sum M_O=0,\ F_{RA}\cdot a-M=0$$

$$M=F_{RA}\cdot a$$

如果取右段梁为研究对象［图 4-3c)］，同样可求得 F_Q 与 M，根据作用力与反作用力原理，右段梁在截面上的 $\boldsymbol{F}_Q$ 及 $\boldsymbol{M}$ 应与左段梁在 m-m 截面上的 $\boldsymbol{F}_Q$、$\boldsymbol{M}$ 大小相等、方向相反［图 4-3c)］。

二 剪力 F_Q 与弯矩 M 的正负号规定

由于同一截面上的内力在左段梁和右段梁上的方向相反，为了使它们具有相同的正负号，并由它们的正负来反映梁的变形情况，特对剪力和弯矩的符号作如下的规定：

对于剪力，以所求的截面 m-m 为界，使梁段产生顺时针转动趋势的［图 4-4a)］剪力为正，反之为负［图 4-4b)］。由图 4-4 可知，截面左侧向上的外力与截面右侧向下的外力，产生的剪力为正，反之则产生的剪力为负。

图 4-4 剪力的正负号

对于弯矩，如果梁在所求弯矩的截面 m-m 附近呈上凹下凸的变形［图 4-5a)］，则弯矩为正，反之为负［图 4-5b)］。

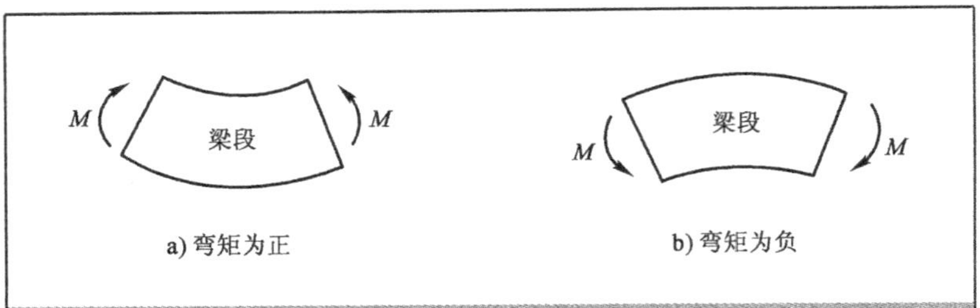

图 4-5 弯矩的正负号

*三 梁的内力计算

采用截面法计算梁的内力时，以一个假想平面将梁截开后，无论选择哪一段作为研究对象，所计算出的同一位置截面的内力都具有相同的符号。

计算梁内力的方法如下：

(1) 在需要计算内力的截面处，以一个假想的平面将梁切开，选其中一段为研究对象（一般选择荷载较少的部分为研究对象，以便于计算）；

(2) 对保留梁段进行受力分析，在其上画出已知外力，在截面上按正负号规定画出剪力和弯矩；

(3) 列投影平衡方程，计算剪力 F_Q；

(4) 以所切截面形心处为矩心，列力矩平衡方程计算弯矩 M。

【例 4-1】 简支梁受力如图 4-6 所示，试求 1-1 截面的剪力和弯矩。

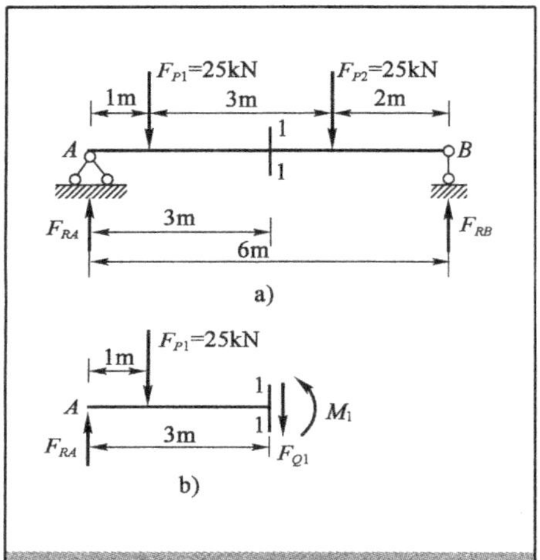

图 4-6 简支梁受力图

解： (1) 计算支座反力。由梁的整体平衡条件可求得 A、B 两支座反力为

$$F_{RA}=\frac{F_{P1}\times 5+F_{P2}\times 2}{6}\approx 29.2\text{kN}$$

$$F_{RB}=\frac{F_{P1}\times 1+F_{P2}\times 4}{6}\approx 20.8\text{kN}$$

(2) 计算截面内力。用截面 1-1 将梁截成两段，取左段为研究对象，并先设剪力 $\boldsymbol{F}_{Q1}$ 和弯矩 $\boldsymbol{M}_1$ 都为正，如图 4-6b) 所示。由平衡条件

$$\sum F_y=0,\ F_{RA}-F_{P1}-F_{Q1}=0$$

得

$$F_{Q1}=F_{RA}-F_{P1}=29.2-25=4.2\text{kN}$$

由

$$\sum M_1=0,\ F_{RA}\times 3+F_{P1}\times 2+M_1=0$$

得

$$M_1=F_{RA}\times 3-F_{P1}\times 2=29.2\times 3-25\times 2$$
$$=37.6\text{kN}\cdot\text{m}$$

所得 $\boldsymbol{F}_{Q1}$、$\boldsymbol{M}_1$ 为正值，表示 $\boldsymbol{F}_{Q1}$、$\boldsymbol{M}_1$ 方向与实际方向相同。实际方向按剪力和弯矩的符号规定均为正。

用截面法计算梁指定截面上的内力，是计算梁内力的基本方法，对学习本课程及后续课程都是十分有用的。下面对用截面法计算梁内力的三个问题进行讨论。

（1）用截面法计算内力的规律。根据以上讨论，截面上的剪力和弯矩与梁上的外力之间存在着下列规律：梁上任一横截面上的剪力 $\boldsymbol{F}_Q$ 在数值上等于此截面左侧（或右侧）梁上所有外力的代数和；梁上任一横截面上的弯矩 $\boldsymbol{M}$ 在数值上等于此截面左侧（或右侧）梁上所有外力对该截面形心力矩的代数和。

（2）关于剪力 $\boldsymbol{F}_Q$ 和弯矩 $\boldsymbol{M}$ 的符号问题。这是初学者很容易出现错误的地方。在用截面法计算内力时，应分清两种正负号：第一种正负号是在求解平衡方程时出现的。在梁被假想地截开以后，内力被作为研究对象上的外力看待，其方向是任意假定的。这种正负号是说明外力方向（以研究对象上的内力当作外力）的符号。第二种正负号是由内力的符号规定而出现的。按图 4-4、图4-5 关于 $\boldsymbol{M}$ 与 $\boldsymbol{F}_Q$ 的正负号的规定，判别已求得的内力实际方向，则内力有正有负。这种正负号是内力的符号。因此，两种正负号的意义不相同。

为计算方便，通常将未知内力的方向都假设为内力的正方向（如前两例都是这样假设的），当平衡方程解得内力为正号时（这是第一种正负号），表示实际方向与所设方向一致，即内力为正值；解得内力为负号时，表示实际方向与所设方向相反，即内力为负值。这种假设未知力方向的方法将外力符号与内力符号两者统一了起来，由平衡方程中出现的正负号就可定出内力的正负号。

(3) 用截面法计算内力的简便方法。利用上面几条规律，可使计算截面上内力的过程简化，省去列平衡方程式的步骤，直接由外力写出所求的内力。

4.3 梁的内力图

绘制梁的内力图是为了找出梁危险截面的位置。

梁横截面上的剪力与弯矩是随截面的位置而变化的。在计算梁的强度及刚度时，必须了解剪力及弯矩沿梁轴线的变化规律（梁的剪力图及弯矩图），从而找出最大剪力与最大弯矩的数值及其所在的截面位置（危险截面）。

一 剪力方程和弯矩方程

一般情况下，剪力和弯矩是随着截面位置的不同而改变的。如取梁的轴线为 x 轴，以 x 坐标表示梁的横截面位置，则剪力和弯矩可表示为 x 的函数，即

$$F_Q = F_Q(x) \tag{4-1}$$

$$M = M(x) \tag{4-2}$$

以上两个函数表示剪力 $\boldsymbol{F_Q}$ 和弯矩 $\boldsymbol{M}$ 沿梁轴线变化的规律，分别称为梁的剪力方程和弯矩方程。

二 剪力图和弯矩图

为了清楚地看出各个截面上的剪力和弯矩的大小与正负，以便确定梁的

危险截面的位置，将剪力和弯矩方程用其图像表示，称为剪力图和弯矩图。

作剪力图和弯矩图的基本方法是首先求得梁的支座反力，列出剪力方程和弯矩方程，然后取横坐标 x 代表截面的位置，纵坐标表示各个横截面的剪力和弯矩的数值，按方程作图。需要注意的是，土木工程中习惯上把正的剪力画在 x 轴的上方，负的剪力画在 x 轴的下方；而弯矩规定画在梁受拉的一侧。联系弯矩正负号的规定，正的弯矩使梁的下边受拉，负的弯矩使梁的上边受拉，所以在画梁的弯矩图时，正的弯矩画在 x 轴的下边，负的弯矩画在 x 轴的上边。

下面举例说明剪力图和弯矩图的绘制方法。

1 悬臂梁在集中力作用下的剪力图和弯矩图

【例 4-2】 悬臂梁在自由端受集中力作用如图 4-7a）所示。试写出梁的剪力方程和弯矩方程，画出剪力图和弯矩图，并确定梁的最大剪力 $|F_{Q\max}|$ 和最大弯矩 $|M_{\max}|$。

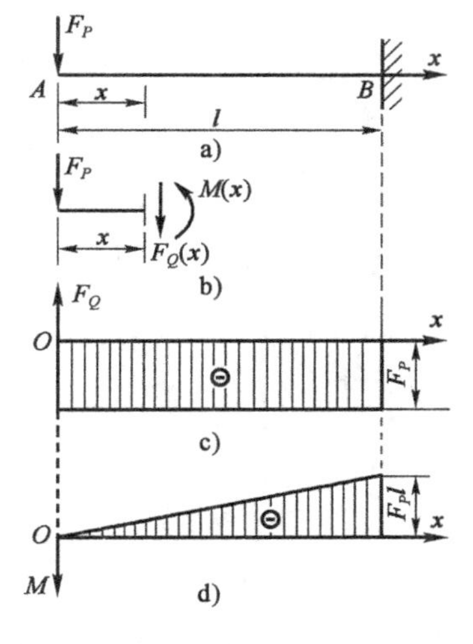

图 4-7 悬臂梁受力图

解：（1）列剪力方程和弯矩方程。以 A 为坐标原点，沿梁轴线作 x 轴，任一截面的位置以 x 坐标表示［图 4-7b)］。列出坐标为 x 的截面的剪力方程和弯矩方程，并考察方程成立的范围。以截面之左的外力来表示剪力和弯矩的剪力方程和弯矩方程如下

$$F_Q(x) = -F_P \qquad (0 < x < l)$$

$$M(x) = -F_P x \qquad (0 \leqslant x < l)$$

（2）按剪力方程和弯矩方程作剪力图和弯矩图。取两个坐标系，Ox 轴与梁轴线平行，原点与梁的 A 端对应。

横坐标 x 表示横截面的位置，纵坐标分别表示剪力 F_Q 和弯矩 M，然后按方程作函数图像。

由 $F_Q = -F_P$，可知各横截面的剪力均等于力 F_P，且为负值，所以剪力

图为平行于 x 轴的直线［图 4-7c)］。

由 $M=-F_Px$ 可知，各横截面的弯矩沿 x 轴线呈直线变化，故可由弯矩方程确定两点

$$x=0, \quad M=0$$

$$x=l, \quad M=-F_Pl$$

根据这两点，按一定比例作出弯矩图［图 4-7d)］，由图可见，梁固定端横截面上的弯矩绝对值最大，即

$$|M_{max}|=F_Pl$$

根据工程要求，剪力图和弯矩图上应标明图名（F_Q 图、M 图）、正负、控制点值及单位。坐标轴可以省略不画。

2 简支梁在集中力作用下的剪力图和弯矩图

【例 4-3】 简支梁受集中力作用时，如图 4-8a) 所示，求梁的剪力方程和弯矩方程，画出 F_Q、M 图，并确定 $|F_{Qmax}|$ 和 $|M_{max}|$。

解：(1) 计算支座反力。

取整个梁为研究对象，由平衡条件求得支座反力为

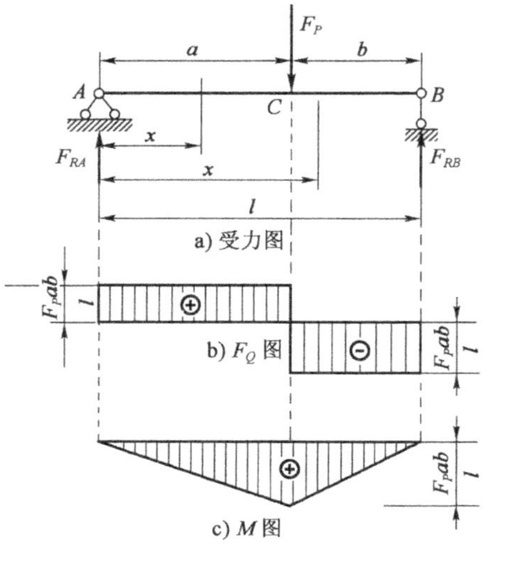

图 4-8 简支梁

$$F_{RA}=\frac{F_Pb}{l}$$

$$F_{RB}=\frac{F_Pa}{l}$$

(2) 列出剪力方程和弯矩方程。由于剪力在集中力 $\boldsymbol{F}_P$ 作用点 C 发生突变，梁的剪力和弯矩在 AC 段与 BC 段不能用同一方程表示。因此必须分别建立 AC 段和 BC 段的剪力方程和弯矩方程。各段任一截面的剪力和弯矩均以截面之左的外力表示，则得

AC 段

$$F_Q(x)=F_{RA}=\frac{F_Pb}{l} \qquad (0<x<a) \tag{4-3}$$

$$M(x)=F_{RA}\cdot x=\frac{F_Pbx}{l} \qquad (0\leqslant x\leqslant a) \tag{4-4}$$

BC 段

$$F_Q(x)=F_{RA}-F_P=-\frac{F_Pa}{l} \qquad (a<x<l) \tag{4-5}$$

$$M(x)=F_{RA}x-F_P(x-a)=\frac{F_Pa}{l}(l-x) \qquad (a\leqslant x\leqslant l) \tag{4-6}$$

（3）按方程分段作图。由式（4-3）与式（4-5）可知，AC 段与 BC 段的剪力均为常数，所以剪力图是平行于 x 轴的直线，AC 段的剪力为正，所以剪力图在轴之上，BC 段剪力为负，故剪力图在轴之下［图 4-8b)］。

由式（4-4）与式（4-6）可知，弯矩都是 x 的一次函数，所以弯矩图是两段斜直线。根据式（4-4）和式（4-6）确定三点

$$x=0, \quad M=0$$

$$x=a, \quad M=\frac{F_Pab}{l}$$

$$x=l, \quad M=0$$

由这三点分别作出 AC 段与 BC 段的弯矩图［图 4-8c)］。

（4）确定 $|F_{Qmax}|$ 及 $|M_{max}|$。设 $a>b$，则在力作用处的截面

$$|F_{Qmax}|=\frac{F_Pa}{l}$$

$$|M_{max}|=\frac{F_Pab}{l}$$

（5）讨论。由式（4-3）和式（4-5）可知，剪力方程在 $x=a$ 点（即集中力 $\boldsymbol{F}_P$ 作用的截面处）不连续，因此剪力图在该点发生突变。当截面从左向右无限趋近截面 C 时，剪力为$\frac{F_Pb}{l}$；一旦越过截面 C，则剪力即变为$-\frac{F_Pa}{l}$，剪力图突变的方向和集中力 $\boldsymbol{F}_P$ 的作用方向一致，突变值的大小为

集中力 $\boldsymbol{F}_P$ 的大小，$\left|\frac{F_P b}{l}\right|+\left|\frac{F_P a}{l}\right|=F_P$，截面 C 上的剪力在剪力图中没有确定值。这种突变现象是由于假设集中力作用在一"点"上造成的。

在图 4-8 中的集中力 $\boldsymbol{F}_P$ 沿梁轴移动时，移动到中点位置 $a=b=\frac{l}{2}$ 时，梁内有最大弯矩，最大值 $|M_{\max}|=\frac{ab}{l}F_P=\frac{l}{2}\cdot\frac{l}{2}\cdot\frac{l}{2}\cdot F_P=\frac{F_P l}{4}$。

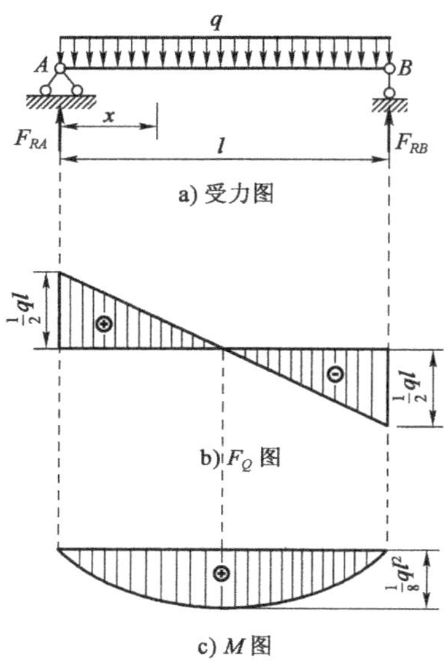

图 4-9 简支梁的剪力图和弯矩图

3 简支梁在均布荷载作用下的剪力图和弯矩图

【例 4-4】 简支梁受均布荷载作用如图 4-9a)所示，求梁的剪力方程和弯矩方程，画 F_Q、M 图，并确定 $|F_{Q\max}|$ 和 $|M_{\max}|$。

解：（1）计算支座反力。本题根据对称关系可得

$$F_{RA}=F_{RB}=\frac{1}{2}ql$$

（2）列剪力方程和弯矩方程。取任一截面 x，写出全梁的剪力方程和弯矩方程为

$$F_Q(x)=F_{RA}-qx=\frac{1}{2}ql-qx \qquad (0<x<l) \qquad (4\text{-}7)$$

$$M(x)=F_{RA}x-\frac{1}{2}qx^2=\frac{1}{2}qlx-\frac{1}{2}qx^2 \qquad (0\leqslant x\leqslant l) \qquad (4\text{-}8)$$

（3）绘剪力图和弯矩图。剪力方程式（4-7）为直线方程，应计算两个控制点的剪力值

$$x=0,\quad F_Q=\frac{1}{2}ql$$

$$x=l,\quad F_Q=-\frac{1}{2}ql$$

根据两点的剪力值，分别在 x 轴的上方和下方的两点位置，相连后得 F_Q 图，如图 4-9b）所示。

弯矩方程式（4-8）为二次抛物线方程，应至少计算 3 个控制点的弯矩值

$$x=0,\quad M=0$$

$$x=\frac{1}{2}l,\quad M=\frac{1}{8}ql^2$$

$$x=l,\quad M=0$$

根据描点作出弯矩图如图 4-9c）所示。

（4）确定 $|F_{Q\max}|$ 和 $|M_{\max}|$。

在 A、B 两端截面

$$|F_{Q\max}|=\frac{1}{2}ql$$

在跨中截面

$$|M_{\max}|=\frac{1}{8}ql^2$$

三 单跨梁在简单荷载作用下的内力图特点与规律

通过对以上内力图的绘制，总结出以下规律：

（1）梁上某段无分布载荷作用，即 $q(x)=0$。

剪力图是一条平行于梁轴线的直线，$F_Q(x)$ 为常数；弯矩图为斜直线。可能出现下列三种情况：

①$F_Q(x)$＝常数，且为正值时，M 图为一条下斜直线；

②$F_Q(x)$＝常数，且为负值时，M 图为一条上斜直线；

③$F_Q(x)$＝常数，且为零时，M 图为一条水平直线。

（2）梁上某段有均布荷载，即 $q(x)=C$（常量）。

剪力图为斜直线。$q(x)>0$ 时（方向向上），直线的斜率为正，F_Q 图为上斜直线（与 x 轴正向夹锐角）；$q(x)<0$ 时（方向向下），直线的斜率为

负，F_Q 图为下斜直线（与 x 轴正向夹钝角）。

弯矩图为二次抛物线。若 $q(x)>0$（方向向上），则 M 图为向上凸的抛物线；若 $q(x)<0$（方向向下），则 M 图为向下凸的抛物线。

(3) 在 $F_Q=0$ 的截面上（F_Q 图与 x 轴的交点），弯矩有极值（M 图的抛物线达到顶点）。

(4) 在集中力作用处，剪力图发生突变，突变值等于该集中力的大小。若从左向右作图，则向下的集中力将引起剪力图向下突变，相反则向上突变。弯矩图由于切线斜率突变而发生转折（出现尖角）。

(5) 梁上有集中力偶，在集中力偶作用处，剪力图无变化，弯矩图发生突变，突变值等于该集中力偶矩的值。

在以上归纳总结的 5 条内力图规律中，前两条反映了一段梁上内力图的形状，后三条反映了梁上某些特殊截面的内力变化规律。梁的荷载、剪力图、弯矩图之间的相互关系列于表 4-1 中，以便掌握、记忆和应用。

梁的荷载、剪力图、弯矩图相互间的关系 表 4-1

梁上外力情况	剪 力 图	弯 矩 图
无分布荷载 ($q=0$)	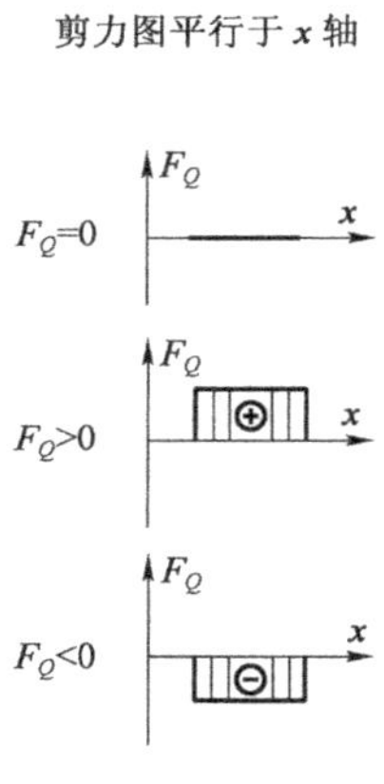	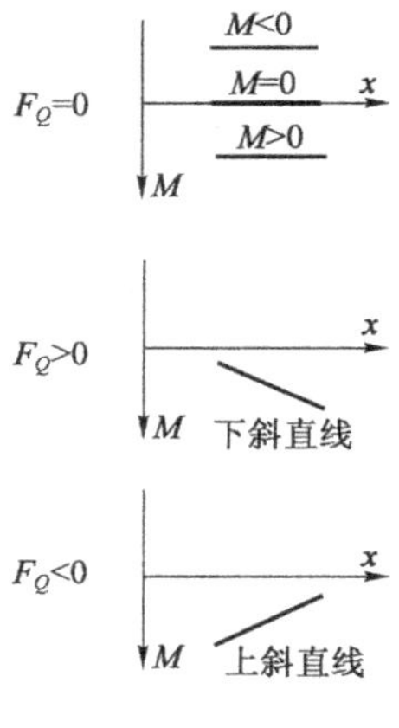
均布荷载向上作用 $q>0$ 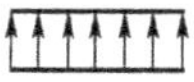	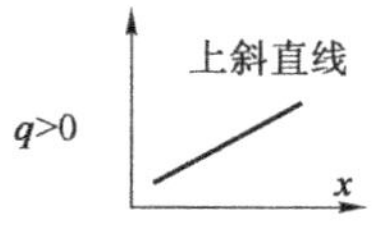	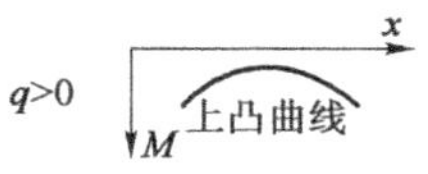
均布荷载向下作用 $q<0$ 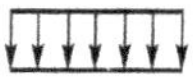	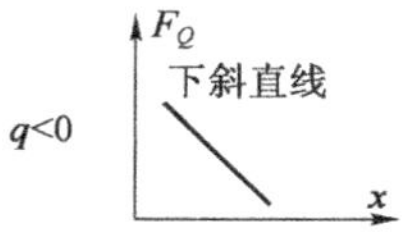	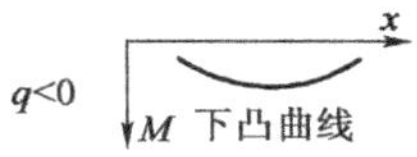

续上表

梁上外力情况	剪　力　图	弯　矩　图
集中力作用 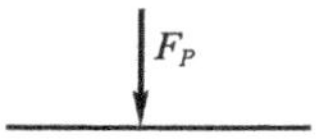	在集中力作用截面突变 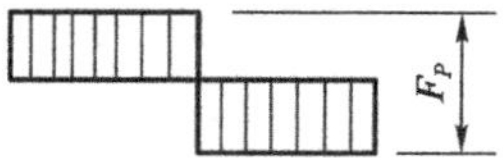	在集中力作用截面出现尖角 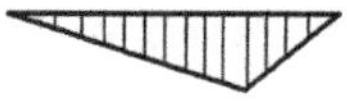
集中力偶作用 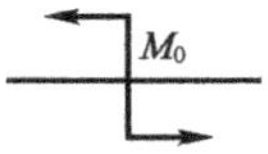	无影响	在集中力偶作用截面突变 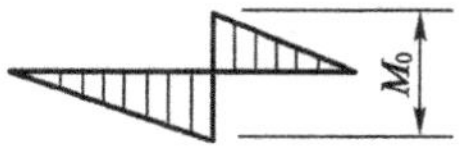
	$F_Q=0$ 截面	有极值

四 运用简捷作图法绘制梁的剪力图和弯矩图

结合上面总结的内力图基本规律，可以根据作用在梁上的已知荷载简便、快捷地作出剪力图和弯矩图，或对内力图进行校核，而不必列出剪力方程和弯矩方程。这种直接作内力图的方法称为简捷作图法，也是绘制梁的内力图的基本方法之一。

【例 4-5】 运用简捷作图法作图 4-10a）所示外伸梁的内力图。

解：（1）计算支座反力。

$$F_{RA}=8\text{kN},\quad F_{RB}=20\text{kN}$$

根据梁上的荷载作用情况，应将梁分为 AB、BC 和 CD 三段作内力图。

（2）作剪力图。

AB 段：梁上无荷载，F_Q 图为一条水平线，根据 $F_{QA}^{右}=F_{RA}=8\text{kN}$ 即可画出此段水平线。

BC 段：梁上无荷载，F_Q 图为一条水平线，根据 $F_{QB}^{右}=F_{RA}-F_P=8-20=-12\text{kN}$ 可画出该段水平线。

在 B 截面处有集中力 F_P，F_Q 由 $+8\text{kN}$ 突变到 -20kN（突变值为 $12+8=20\text{kN}=F_P$）。

CD 段：梁上荷载常数<0，F_Q 图为下斜直线，根据 $F_{QC}^{右}=F_{RA}-F_P+F_{RC}=8-20+20=8\text{kN}$ 及 $F_{QD}=0$ 可画出该斜直线。

在 C 截面处有支座反力 F_{RC}，F_Q 由 -12kN 突变到 $+8\text{kN}$（突变值为 $12+8=20\text{kN}=F_{RC}$）。

全梁 F_Q 图如图 4-10b）所示。

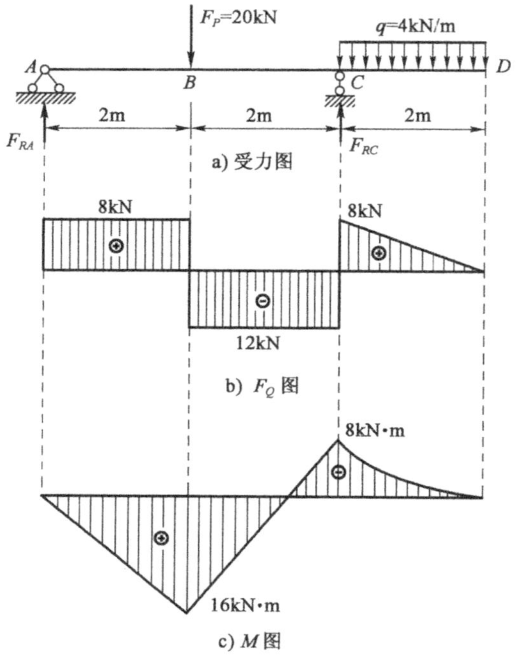

图 4-10 外伸梁及内力图

（3）作 M 图

AB 段：$q=0$，$F_Q=$常数>0，M 图为一条下斜直线。根据 $M_A=0$ 及 $M_B=F_{RA}\times2=8\times2=16\text{kN}\cdot\text{m}$ 即可作出。

BC 段：$q=0$，$F_Q=$常数<0，M 图为一条上斜直线。根据 $M_B=16\text{kN}\cdot\text{m}$ 和 $M_C=F_{RA}\times4-F_P\times2=-8\text{kN}\cdot\text{m}$ 即可作出。

CD 段：$q=$常数<0，M 图为一条下凸抛物线。由 $M_C=-8\text{kN}\cdot\text{m}$，$M_D=0$ 可作出大致形状。

全梁的 M 图如图 4-10c）所示。

五 叠加法绘制弯矩图简介

在力学计算中，常运用叠加原理。叠加原理：在线弹性、小变形条件下，由几种荷载共同作用所引起的某一参数（反力、内力、应力、变形）等于各种荷载单独作用时引起的该参数值的代数和。运用叠加原理画弯矩图的方法称为叠加法。

用叠加法画弯矩图的步骤是：①将作用在梁上的复杂荷载分成几组简单荷载，分别画出梁在各简单荷载作用下的弯矩图（其弯矩图见表 4-2）；②在梁上每一控制截面处，将各简单荷载弯矩图相应的纵坐标进行代数相加，就得到梁在复杂荷载作用下的弯矩图。例如在图 4-11a）～图 4-11c）中，梁 AB 在荷载 $\boldsymbol{q}$ 和 $\boldsymbol{M}$ 的共同作用下的弯矩图就是荷载 $\boldsymbol{q}$、$\boldsymbol{M}$ 单独作用下的弯矩图的叠加。

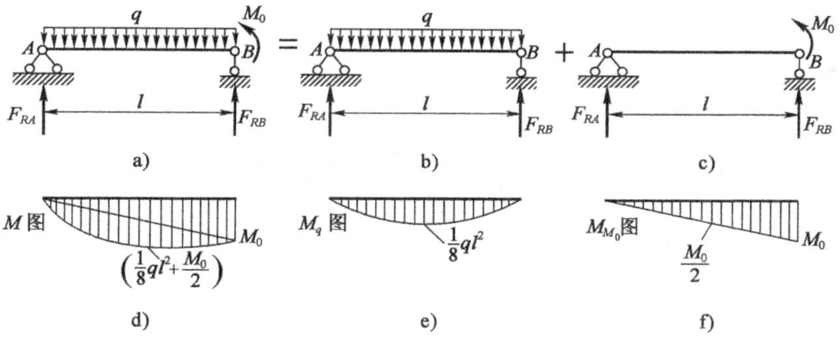

图 4-11 弯矩图的叠加

由以上分析可知，当梁上有几项荷载共同作用时，作弯矩图可先分别作出各项荷载单独作用下梁的弯矩图，然后，将横坐标对齐，纵坐标叠加，即得到梁在所有荷载共同作用下的弯矩图。若对梁在简单荷载作用下的弯矩图比较熟悉时，用叠加法作弯矩图是很方便的。

表 4-2 是单跨梁在简单荷载作用下的弯矩图，可供叠加法作图时查用。

单跨梁在简单荷载作用下的弯矩图　　表 4-2

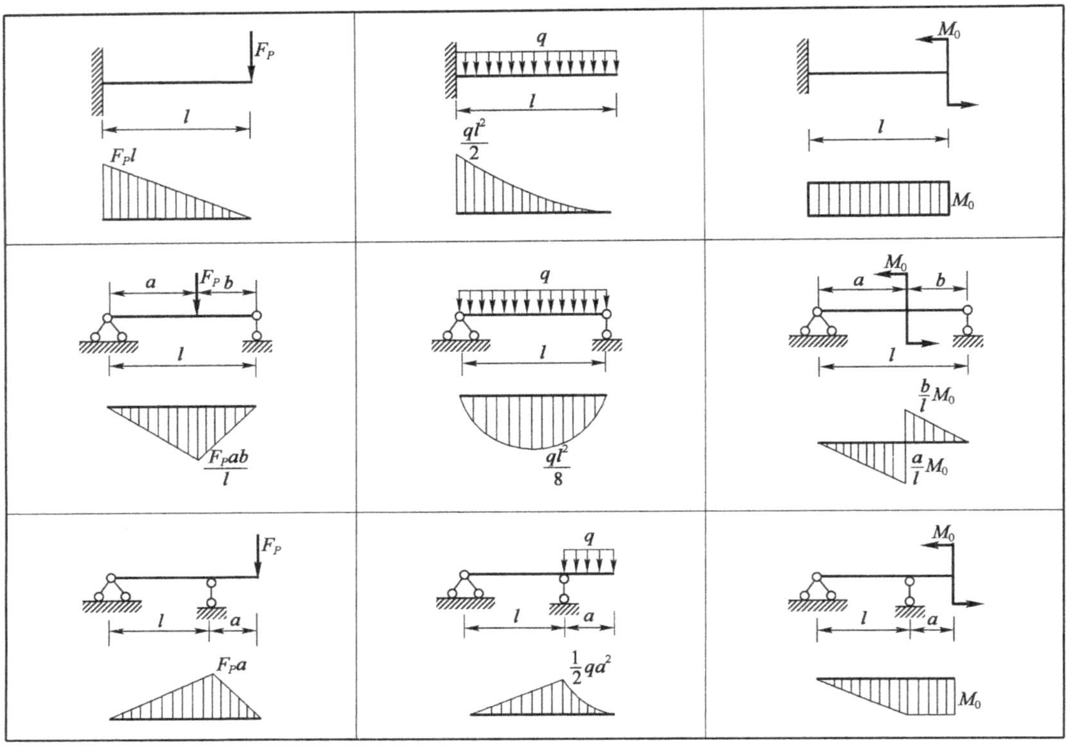

4.4 梁的正应力及其强度条件

构件的破坏始于危险截面上应力最大处。

通过对梁弯曲内力的分析，可以确定梁受力后的危险截面，这是解决梁强度问题的重要步骤之一。但要最终对梁进行强度计算，还必须确定梁横截面上的应力，即需要确定横截面上的应力分布情况及最大应力值，因为，构件的破坏往往首先开始于危险截面上应力最大的地方。因此，分析梁弯曲时横截面上的应力分布规律，确定应力计算公式，是研究梁的强度前所必须解决的问题。

一 纯弯曲梁横截面上的正应力计算公式

如图4-12所示的简支梁，由内力图可知，梁 CD 段内任一横截面上剪力都等于零，而弯矩均为常量 Fa，只有弯矩而无剪力作用的弯曲变形称为纯弯曲。

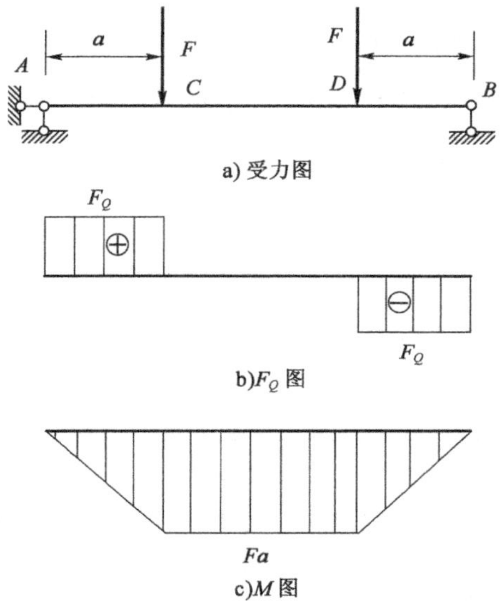

图4-12 简支梁

为了研究横截面上的正应力，我们首先观察在外力作用下梁的弯曲变形现象：取一根矩形截面梁，在梁的两端沿其纵向对称面，施加一对大小相等、方向相反的力偶，即使梁发生纯弯曲。我们观察到如下的试验现象：

(1) 矩形截面梁纯弯曲时的变形观察。为了观察变形情况，加载前先在梁的表面上画出一系列与轴线平行的纵向线和与轴线垂直的横向线。这些线组成许多小矩形［图4-13a)］。当在梁的两端加上外力偶 $\boldsymbol{M}$ 使梁发生纯弯曲［图4-13b)］时，可以观察到：

①变形后各横向线仍为直线，只是相对旋转了一个角度，且与变形后的梁轴曲线保持垂直，即小矩形格仍为直角；

②梁表面的纵向直线均弯曲成弧线，而且，靠顶面的纵线缩短，靠底面的纵线拉长，而位于中间位置的纵线长度不变。

（2）假设。根据上面所观察到的变形现象，我们提出如下假设：

①平面假设。梁变形后，横截面仍保持为平面，只是绕某一轴旋转了一个角度，且仍与变形后的梁轴曲线垂直；

②如果设想梁由无数根纵向纤维组成，则梁变形后各纤维只受拉伸或压缩，不存在相互挤压。

梁变形后，在凸边的纤维伸长，而凹边的纤维缩短，纤维层从缩短到伸长变形是连续的，其中必有一层纤维既不伸长也不缩短，这一纤维层称为中性层。中性层与横截面的交线称为中性轴［图4-13c)］。中性轴将横截面分为两个区域——拉伸区和压缩区。

（3）推理。从上述对纯弯曲梁的平面假设及对梁的变形分析，即纵向纤维只有伸长或缩短，而且是连续的，可以推理：纯弯曲梁横截面上只有正应力。

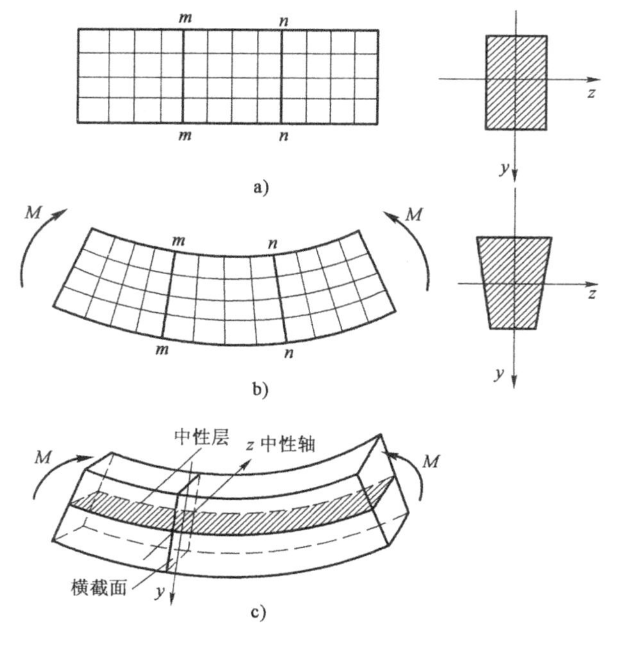

图4-13 矩形截面梁

二 纯弯曲梁横截面上正应力分布规律

由于各纵向纤维只承受轴向拉伸或压缩，于是在正应力不超过比例极限时，由胡克定律可知

$$\sigma = E \cdot \varepsilon = E \cdot \frac{y}{\rho} \tag{4-9}$$

通过式（4-9）可知横截面上正应力的分布规律，即横截面上任意一点的正应力与该点到中性轴之间的距离成正比，也就是正应力沿截面高度呈线性分布，而中性轴上各点的正应力为零。纯弯曲梁横截面上正应力分布规律如图 4-14 所示。

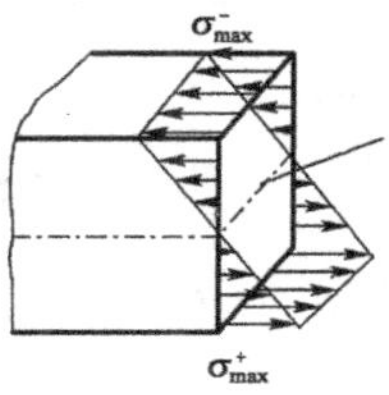

图 4-14 纯弯曲梁横截面上的正应力分布图

三 纯弯曲梁横截面上正应力计算公式

利用应力与内力间的静力学关系，可以得到梁在纯弯曲时横截面上任一点的正应力计算公式

$$\sigma = \frac{M \cdot y}{I_z} \tag{4-10}$$

式中：y——横截面所求正应力的点到中性轴的距离；

I_z——横截面对于其中性轴的惯性矩（二次矩）。

式（4-10）表明，梁横截面上任一点的正应力 σ 与截面上的弯矩 M 和该点到中性轴的距离 y 成正比，而与截面对中性轴的惯性矩 I_z 成反比。中性轴是通过截面形的水平轴。

计算截面上各点应力时，通常以 M 和 y 的绝对值代入，求得 σ 的大小。应力 σ 的正负号可直接由弯矩 M 的正负号来判断。M 为正时，中性轴上部截面为压应力，下部为拉应力；M 为负时，中性轴上部截面为拉应力，下部为压应力。

四 常用截面的惯性矩与抗弯截面系数

由式（4-10）可知，弯曲正应力不仅与外力有关，而且与截面对中性轴的惯性矩 I_z 有关。下面介绍常见截面惯性矩及抗弯截面系数。

1 常见截面惯性矩 I_z

惯性矩是截面各微元面积与各微元至截面上某一指定轴线距离二次方乘积的积分。它是与截面的形状及尺寸相关的几何量。几种常见截面的惯性矩见表 4-3。

常用平面图形的几何性质　　表 4-3

截面	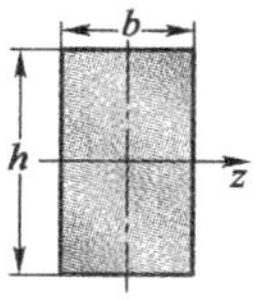 矩形	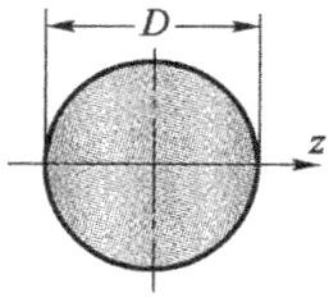 实心圆	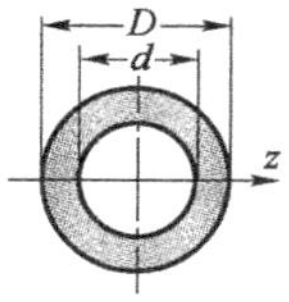 空心圆	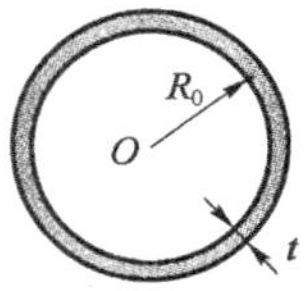 薄壁圆
I_z	$\frac{bh^3}{12}$	$\frac{\pi D^4}{64}$	$\frac{\pi D^4}{64}(1-d^4)$	$\pi R_0^3 t$
W_z	$\frac{bh^2}{6}$	$\frac{\pi D^3}{32}$	$\frac{\pi D^3}{32}(1-d^4)$	$\pi R_0^2 t$

2 常见截面的抗弯截面系数

在对梁进行强度计算时，总要寻找最大正应力。由公式可知，当 $y=y_{max}$时，即截面上离中性轴最远的各点处，弯曲正应力最大，其值为

$$\sigma_{max}=\frac{M\cdot y_{max}}{I_z}=\frac{M}{\frac{I_z}{y_{max}}}$$

式中，$\frac{I_z}{y_{max}}$也是只与截面的形状及尺寸相关的几何量，称其为抗弯截面系数，用 W_z 表示，即

$$\sigma_{max}=\frac{M}{W_z} \tag{4-11}$$

由此可知形状截面的抗弯截面系数。

矩形截面抗弯截面系数

$$W_z = \frac{I_z}{y_{\max}} = \frac{bh^3/12}{h/2} = \frac{bh^2}{6}$$

圆形截面抗弯截面系数

$$W_z = \frac{I_z}{y_{\max}} = \frac{\pi d^4/64}{d/2} = \frac{\pi d^3}{32}$$

同理，空心圆截面抗弯截面系数

$$W_z = \frac{\pi d^3}{32}(1-\alpha^4),\ \alpha = \frac{d}{D}$$

【例 4-6】　简支梁受均布荷载 $q=3.5\text{kN/m}$ 作用，如图 4-15 所示，梁截面为 $b\times h=120\text{mm}\times 180\text{mm}$ 的矩形，跨度 $l=3\text{m}$。试计算跨中横截面上 a、b、c 三点处的正应力。

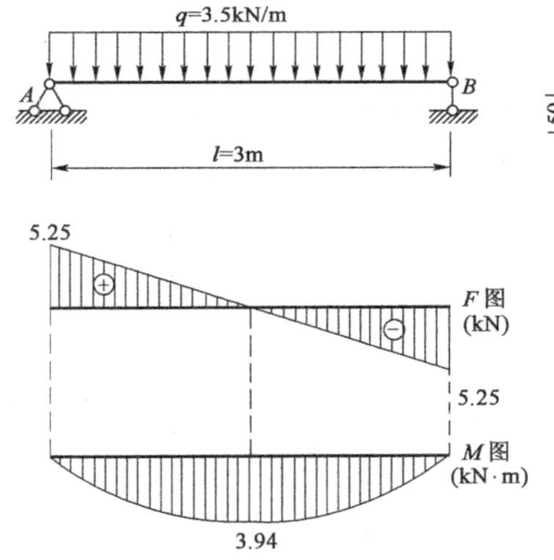

图 4-15　简支梁

解：（1）作梁的剪力图和弯矩图。

跨中截面上

$$F_Q=0$$

$$M = \frac{1}{8}\times 3.5\times 3^2 \approx 3.94\text{kN}\cdot\text{m}$$

梁的跨中截面处于纯弯曲状态。

（2）计算应力。

截面对中性轴 z 的惯性矩为

$$I_z = \frac{bh^3}{12} = \frac{1}{12} \times 120 \times 180^3 = 58.32 \times 10^6 \text{mm}^4$$

$$\sigma_a = \frac{M \cdot y_a}{I_z} = \frac{3.94 \times 10^6 \times 90}{58.32 \times 10^6} \approx 6.08\text{MPa(拉)}$$

$$\sigma_b = \frac{M \cdot y_b}{I_z} = \frac{3.94 \times 10^6 \times 50}{58.32 \times 10^6} \approx 3.38\text{MPa(拉)}$$

$$\sigma_c = \frac{M \cdot y_c}{I_z} = -\frac{3.94 \times 10^6 \times 90}{58.32 \times 10^6} \approx -6.08\text{MPa(压)}$$

上述三点处应力是拉应力还是压应力是根据截面上弯矩来判断的，中性轴以上的点 c 处为压应力，中性轴以下的点 a、b 处为拉应力。

五 梁的正应力强度条件及应用

在一般荷载作用下的细长梁，其弯矩对强度的影响要远大于剪力的影响。因此，对细长梁进行强度计算时，主要是限制弯矩所引起的梁内最大弯曲正应力不得超过材料的容许正应力，即

$$\sigma_{\max} = \frac{M_{\max}}{W_z} \leqslant [\sigma] \tag{4-12}$$

式（4-12）即为正应力强度条件。

梁的正应力强度条件的应用有以下三种情况：

（1）强度校核。已知梁的材料、截面尺寸与形状（即已知$[\sigma]$和 W_z 的值）以及所受荷载（即已知 M）的情况下，计算梁的最大正应力 $\sigma_{\max} = \frac{M_{\max}}{W_z}$，并将其与许用应力比较，校核梁是否满足强度条件。即满足 $\sigma_{\max} \leqslant [\sigma]$ 时，梁的强度满足要求，反之则强度不足。

*（2）截面设计。已知荷载和采用的材料（即已知 M 和 $[\sigma]$ 的值）时，根据强度条件，设计截面尺寸。可将式（4-12）改写为

$$W_z \geqslant \frac{M_{\max}}{[\sigma]}$$

求出 W_z 后，进一步根据梁的截面形状确定其尺寸。若采用型钢时，则

可由型钢表查得型钢的型号。

*(3) 计算许用荷载。已知梁的材料及截面尺寸（即已知 $[\sigma]$ 和 W_z 的值），根据强度条件确定梁的许用最大弯矩 $[M_{max}]$。可将式（4-12）改写为

$$[M_{max}] \leqslant [\sigma]W_z$$

求出 $[M_{max}]$ 后，可进一步根据平衡条件确定许用外荷载。

在进行上列各类计算时，为了坚持既安全可靠又节约材料的原则，设计规范还规定梁内的最大应力允许稍大于 $[\sigma]$，但不得超过 $[\sigma]$ 的 5%，即

$$\frac{\sigma_{max} - [\sigma]}{[\sigma]} \times 100\% < 5\%$$

在进行强度计算时，一般应遵循下列步骤：

(1) 分析梁的受力，依据平衡条件确定约束力，分析梁的内力（画出弯矩图）。

(2) 依据弯矩图及截面沿梁轴线变化的情况，确定可能的危险截面：对等截面梁，弯矩最大截面即为危险截面。

(3) 确定危险点：对于拉、压力学性能相同的材料（如钢材），其最大拉应力点和最大压应力点具有同样的危险程度，因此，危险点显然位于危险截面上离中性轴最远处。而对于拉、压力学性能不等的材料（如铸铁），则需分别计算梁内绝对值最大的拉应力与压应力，因为最大拉应力点与最大压应力点均可能是危险点。

(4) 依据强度条件，进行强度计算。

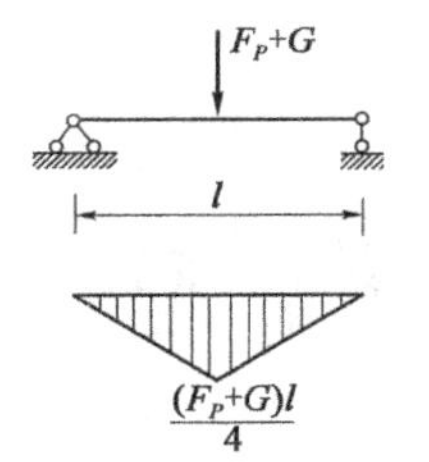

图 4-16　计算简图

【例 4-7】 原起重量为 50kN 的单梁吊车，其跨度 $l=10.5$m（其计算简图如图 4-16 所示），由 45a 号工字钢制成。而现拟将其重量提高到 $F_P=70$kN，试校核梁的强度。若强度不够，再计算其可以承受的起重量。梁的材料为 Q235 钢，容许应力 $[\sigma]=140$MPa；电葫芦自重 $G=15$kN，暂不考虑梁的自重。

解：(1) 画弯矩图，确定危险截面。

显然，当电葫芦行至梁跨中时所引起的弯矩最大，此时弯矩如图 4-16

单元 4

直梁弯曲

所示。由弯矩图可知，危险面为跨中截面处，其弯矩为

$$M_{max}=\frac{(F_P+G)l}{4}=\frac{(70+15)\times 10.5}{4}\approx 223\text{kN}\cdot\text{m}$$

（2）计算最大弯曲正应力。

等截面梁，且截面（如工字钢、矩形、圆形）对称于中性轴，此类梁的最大弯曲正应力发生在危险截面（最大弯矩处）的上下边缘点处。

由型钢表查得 45a 工字钢的抗弯截面系数

$$W_z=1\,430\text{cm}^3$$

故梁内最大工作应力为

$$\sigma_{max}=\frac{M_{max}}{W_z}=\frac{223\times 10^6}{1\,430\times 10^3}\approx 156\text{MPa}$$

（3）依据强度条件，进行强度计算。

显然，最大工作应力超过了材料的容许应力，故该梁不安全。

梁的最大承载能力：

$$M_{max}\leqslant[\sigma]\cdot W_z=140\times(1\,430\times 10^3)=200\times 10^6\text{N}\cdot\text{mm}\approx 200\text{kN}\cdot\text{m}$$

$$F_P=\frac{4M_{max}}{l}-G=\frac{4\times 200}{10.5}-15\approx 61.3\text{kN}$$

因此，梁的最大起重量为 61.3kN。

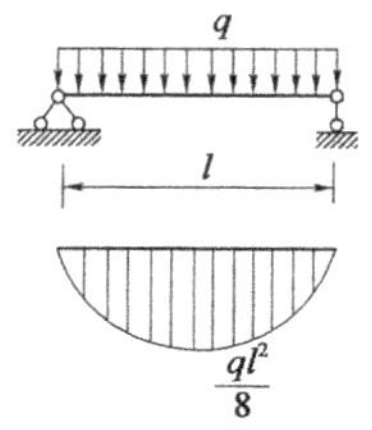

图 4-17 简支梁

【例 4-8】 如图 4-17 所示简支梁，受均布载荷 q 作用，梁跨 $l=2$m，$[\sigma]=140$MPa，$q=2$kN/m，试按以下两个方案设计梁的截面尺寸，并比较重量。

（1）实心圆截面梁；

（2）空心圆截面梁，其内、外径之比 $\alpha=0.9$。

解：绘制梁的弯矩图，由弯矩图可知，梁跨中截面为危险截面，其上弯矩值为

$$M_{max}=\frac{ql^2}{8}=\frac{2\times 2^2\times 10^6}{8}=1\times 10^6\text{N}\cdot\text{mm}$$

（1）设计实心截面梁的直径 d。

依据强度条件

$$\sigma_{max}=\frac{M_{max}}{W_z}\leqslant[\sigma]$$

将 $W_z = \frac{\pi \cdot d^3}{32}$ 代入，解得

$$d \geqslant \sqrt[3]{\frac{32M_{\max}}{\pi[\sigma]}} = \sqrt[3]{\frac{32 \times 1 \times 10^6}{\pi \times 140}} \approx 41.75\text{mm}$$

取 $d = 42\text{mm}$。

（2）确定空心截面梁的内、外径 d_1 和 D。

将 $W_z = \frac{\pi \cdot D^3}{32}(1-\alpha^4)$ 代入强度条件，解得

$$D \geqslant \sqrt[3]{\frac{32M_{\max}}{\pi(1-\alpha^4)[\sigma]}} = \sqrt[3]{\frac{32 \times 1 \times 10^6}{\pi \times (1-0.9^4)140}} \approx 59.59\text{mm}$$

取 $D = 60\text{mm}$，则

$$d_1 = 54\text{mm}$$

（3）比较两种不同截面梁的重量。

因材料及长度相同，故两种截面梁的重量之比等于其截面积之比。

$$\text{重量比} = \frac{\frac{\pi}{4}(D^2 - d_1{}^2)}{\frac{\pi}{4}d^2} \approx 0.388$$

由上面计算结果表明，空心截面梁的重量比实心截面梁的重量小很多。因此，在满足强度要求的前提下，采用空心截面梁，可节约材料、减轻结构重量。

4.5 梁的变形

梁的变形是用挠度和转角来度量的。

一 挠度

梁受到外力作用后，原为直线的轴线将弯曲成一条曲线，如图 4-18 所

示。弯曲变形时，梁的各个横截面在空间的位置也随之发生了改变，即产生了位移。力学中把梁的这种位移称为弯曲变形或梁的变形。弯曲后的梁轴线称为梁的挠曲线。

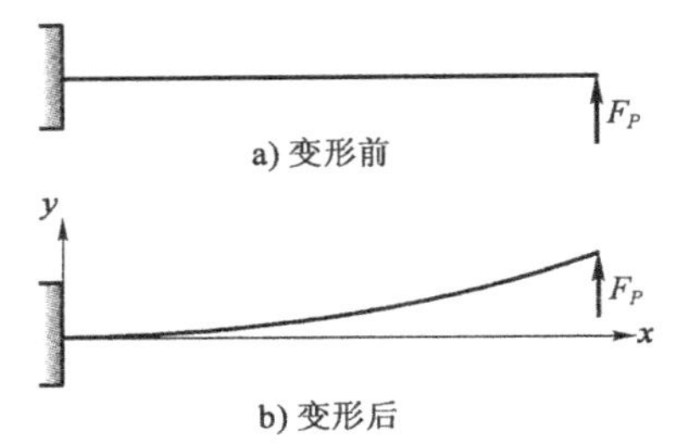

图 4-18　梁的变形

若构件内的弯曲变形过大，往往会影响机器的正常工作。例如，桥式起重机大梁，变形过大将使吊车产生爬坡现象，并引起振动，以致不能平稳地起吊重物；车床的主轴变形过大将会影响齿轮的啮合，往往影响零件的加工精度，造成不均匀磨损，产生噪声，缩短设备的使用寿命等。因此，工程上除了应保证梁有足够的强度以外，还要保证其有足够的刚度，也就是说，梁的弯曲变形值必须限制在一定的范围内。

梁发生弯曲变形时，截面上一般同时存在弯矩和剪力两种内力。通过理论计算证明，梁较为细长时，剪力引起的挠度与弯矩引起的挠度相比很微小。为了简化计算，通常忽略剪力对变形的影响，而只计算弯矩所引起的变形。

梁的变形是用挠度和转角来度量的。

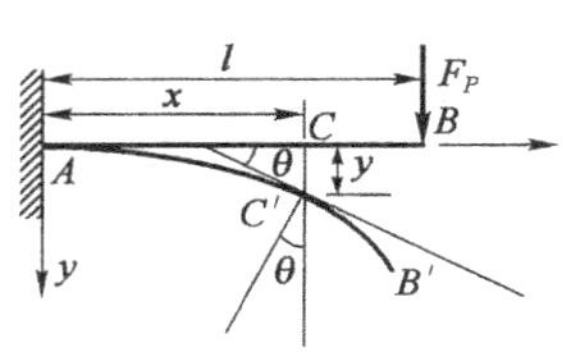

图 4-19　挠度示意图

如图 4-19 所示，梁弯曲变形时轴线上的 B 点（即横截面的形心）移动到 B' 点，B' 点已偏离了通过 B 点的竖直线，也就是说，B 点的位移 $\overline{BB'}$ 既包含了 B 点的竖直位移又包含了 B 点的水平位移。由于工程中梁的变形都很微小，所以梁的水平位移可以忽略不计，这样，可以认为梁在弯曲变形时，梁轴线上各点只发生竖直位移。梁轴线上任一点（即横截面形心）在垂直于轴线方向的线位移称为该点的挠度，用 y 表示，挠度的单位与长度单位一致。按图 4-19 上选定的坐标系，以向下的挠度为正。

表 4-4 列出了几种常用梁在简单荷载作用下的变形。

几种常用梁在简单荷载作用下的变形　　　　*表 4-4

序号	支承和荷载作用情况	梁端转角	挠曲轴线方程	最大挠度
1	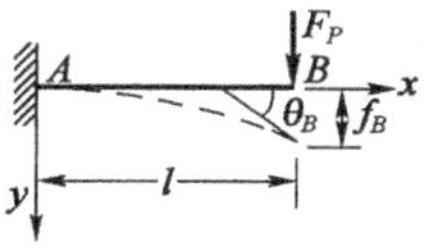	$\theta_B=\dfrac{F_P l^2}{2EI}$	$y=\dfrac{F_P x^2}{6EI}(3l-x)$	$f_B=\dfrac{F_P l^3}{3EI}$
2	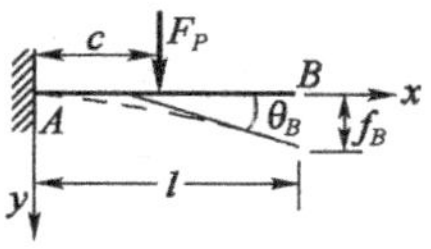	$\theta_B=\dfrac{F_P c^2}{2EI}$	当 $0\leqslant x\leqslant c$ 时， $y=\dfrac{F_P x^2}{6EI}(3c-x)$； 当 $c\leqslant x\leqslant l$ 时， $y=\dfrac{F_P c^2}{6EI}(3x-c)$	$f_B=\dfrac{F_P c^2}{6EI}(3l-c)$
3	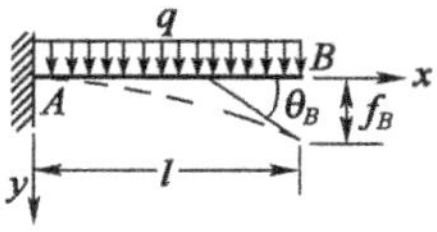	$\theta_B=\dfrac{ql^2}{6EI}$	$y=\dfrac{qx^2}{24EI}(x^2+6l^2-4lx)$	$f_B=\dfrac{ql^4}{8EI}$
4	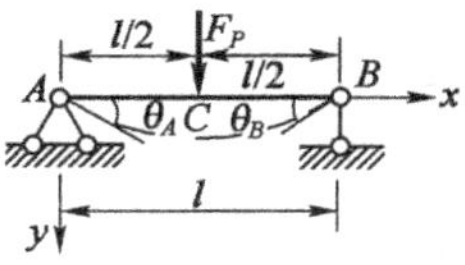	$\theta_A=-\theta_B=\dfrac{F_P l^2}{16EI}$	当 $0\leqslant x\leqslant l/2$ 时， $y=\dfrac{F_P x}{12EI}(\dfrac{3l^2}{4}-x^2)$	$f_C=\dfrac{F_P l^3}{48EI}$
5	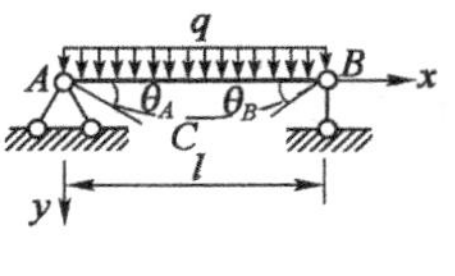	$\theta_A=-\theta_B=\dfrac{ql^2}{24EI}$	$y=\dfrac{qx}{24EI}(l^3-2lx^2+x^3)$	$f_C=\dfrac{5ql^4}{384EI}$

注：在图示直角坐标系中，关于挠度和转角的正负号按照下列规定。挠度向下（即与 y 轴的正向相同）的为正，向上的为负；转角顺时针转向的为正，逆时针转向的为负。

*二 提高梁弯曲刚度的措施

梁的变形与梁的抗弯度 EI 、梁的跨度 l、荷载形式及支座位置有关。为了提高梁的刚度，在使用要求允许的情况下，可以采用以下几种措施：

（1）缩小梁的跨度或增加支座。梁的跨度对梁的变形影响最大，缩短梁的跨度是提高刚度的十分有效的措施。有时若梁的跨度无法改变，可增加梁的支座。如在均布荷载作用下的简支梁，在跨中最大挠度 $f=\dfrac{5ql^4}{384EI}=0.013\dfrac{ql^4}{EI}$ 时，若梁跨减小一半，则最大挠度 $f_1=\dfrac{1}{16}f$；若在梁跨中点增加一支座，则梁的最大挠度约为 $0.000\,326\dfrac{ql^4}{EI}$，仅为不加支座时的 $\dfrac{1}{38}$（图 4-20）。所以在设计中，常采用能缩短跨度的结构，或增加中间支座。此外，加强支座的约束也能提高梁的刚度。

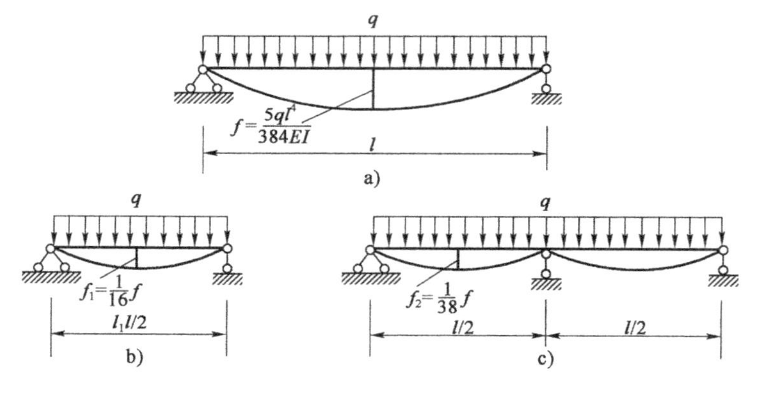

图 4-20 提高梁弯曲刚度的措施

（2）选择合理的截面形状。梁的变形与抗弯刚度 EI 成反比，增大 EI 将使梁的变形减小。为此，可采用惯性矩 I 较大的截面形状，如工字形、圆环形、框形等。为了提高梁的刚度而采用高强度钢材是不合适的，因为高强度钢的弹性模量 E 较一般钢材并无多少提高，而且会提高成本。

（3）改善荷载的作用情况。弯矩是引起变形的主要因素，变更荷载作用位置与方式，减小梁内弯矩，可达到减小变形、提高刚度的目的。如将较大的集中荷载移到靠近支座处，或把一些集中力尽量分散，甚至可改为分布荷载。

4.6 直梁弯曲在工程中的应用

正应力强度条件公式在房建工程、桥梁工程中均有广泛应用。

一 提高梁弯曲强度的措施

根据弯曲正应力的强度公式式（4-12），减小梁的工作应力的方法，主要是降低最大弯矩值 M_{max} 和增加截面的抗弯截面系数 W_z 。

1 合理安排梁的支座与荷载

当荷载一定时，梁的最大弯矩 M_{max} 与梁的跨度有关，因此，首先应合理安排支座。例如，简支梁受均布荷载作用［图 4-21a)］，其最大弯矩值 $M_{max}=\frac{1}{8}ql^2=0.125ql^2$ ，如果将两支座向跨中方向移动 $0.2l$［图 4-21b)］，则最大弯矩降为 $0.025ql^2$ ，即只有前者的$\frac{1}{5}$。所以，工程中起吊大梁时，两吊点位于梁端以内的一定距离处，就可以降低 M_{max} 值。

其次，如果结构允许，应尽可能合理地布置梁上的荷载。把梁所受的一个集中力分为几个较小的集中力［图 4-21c)］，梁的最大弯矩就会明显减小。

2 采用合理的截面形状

（1）从应力分布规律考虑，应使截面面积较多的部分布置在离中性轴较远的地方。以矩形截面为例，由于弯曲正应力沿梁截面高度按直线分布，截面的上、下边缘处正应力最大，在中性轴附近应力很小，所以靠近中性轴处的一部分材料未能充分发挥作用。如果将中性轴附近的部分面积移至上下边缘处的位置，这样，就形成了工字形截面，其截面面积大小不变，而更多的材料则能较好地发挥作用。所以，从应力分布情况看（图 4-22），工字形、槽形等截面形状比面积相等的矩形截面更合理，而圆形截面又不如矩形截面。凡是中性轴附近用料较多的截面就是不合理的截面。

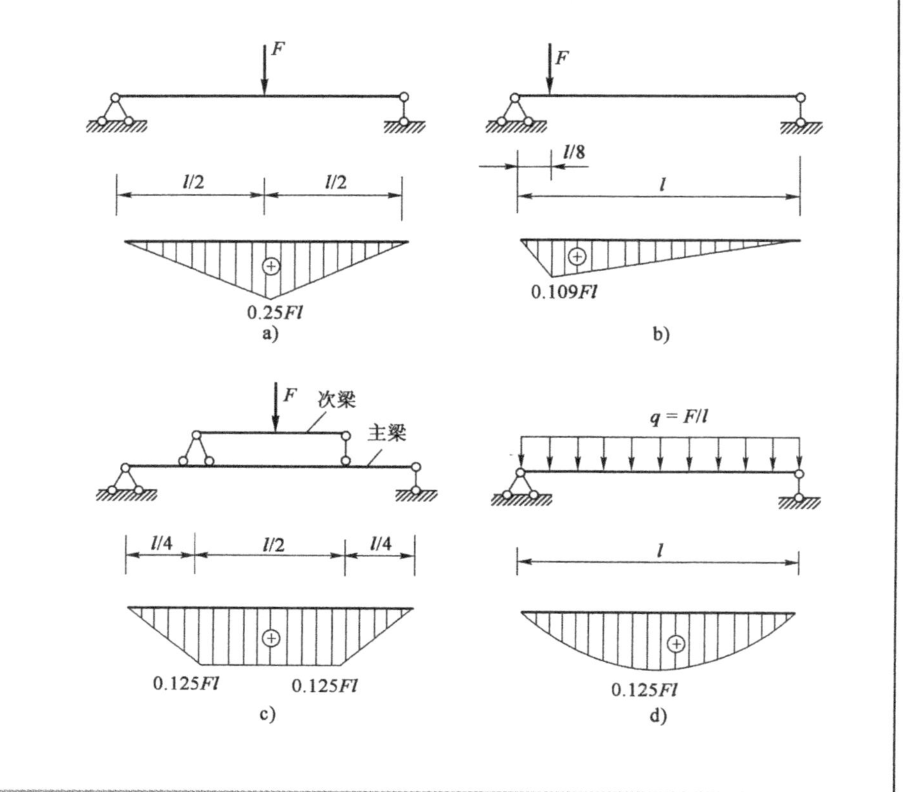

图 4-21 梁的支座与荷载

图 4-22 脆性材料的梁截面

(2) 从抗弯截面系数 W_z 考虑，应在截面面积相等的条件下，使得抗弯截面系数 W_z 尽可能地增大，由式 $M_{max}=[\sigma]W_z$ 可知，梁所能承受的最大弯矩 M_{max} 与抗弯截面系数 W_z 成正比。所以，从强度角度看，当截面面积一定时，W_z 值愈大愈有利。通常用抗弯截面系数 W_z 与横截面面积 A 的比值 W_z/A 来衡量梁的截面形状的合理性和经济性。表 4-5 中列出了几种常见的截面形状及其 W_z/A 的值。由表可见，槽形截面和工字形截面的 $W_z/A=(0.27\sim0.31)h$，可知这种截面比较合理。

常见截面的 W_z/A 值 表 4-5

截面形状	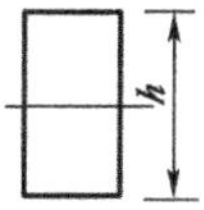	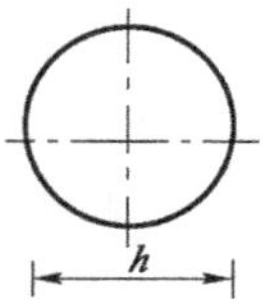	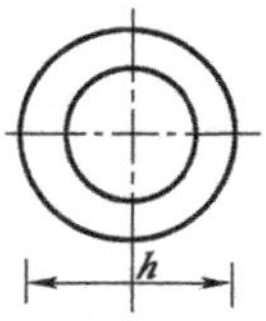
W_z/A	$0.167h$	$0.125h$	$0.205h$

截面形状	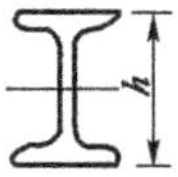	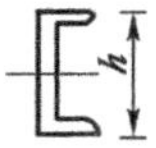
W_z/A	$(0.27\sim0.31)h$	$(0.27\sim0.31)h$

(3) 从材料的强度特性考虑，应合理地布置中性轴的位置，使截面上的最大拉应力和最大压应力同时达到材料的容许应力。对抗拉和抗压强度相等的材料，一般应采用对称于中性轴的截面形状，如矩形、工字形、槽形、圆形等。对于抗拉和抗压强度不相等的材料，一般采用非对称截面形状，使中性轴偏向强度较低的一边，如 T 字形、槽形等（图 4-23）。设计时最好使 $\frac{\sigma_{ymax}}{\sigma_{lmax}}=\frac{M\cdot y_y}{I_z}\Big/\frac{M\cdot y_l}{I_z}=\frac{y_y}{y_l}=\frac{[\sigma_y]}{[\sigma_l]}$，这样才能充分发挥材料的潜力。

3 等强度梁

一般承受横力弯曲的梁，各截面上的弯矩是随截面位置而变化的。对于等截面梁，除 M_{max} 所在截面以外，其余截面的材料都没有充分发挥作用。

若将梁制成变截面梁，使各截面上的最大弯曲正应力与材料的许用应力［σ］相等或接近，这种梁称为等强度梁。图 4-24a）所示的阶梯轴，图 4-24b）所示的薄腹梁，图 4-24c）所示的鱼腹式吊车梁等，都是近似地按等强度原理设计的。

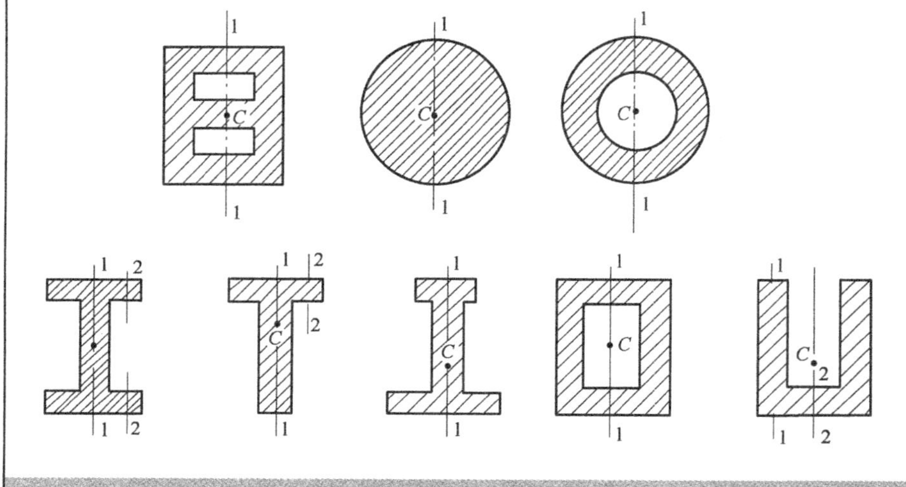

图 4-23 梁的截面形状

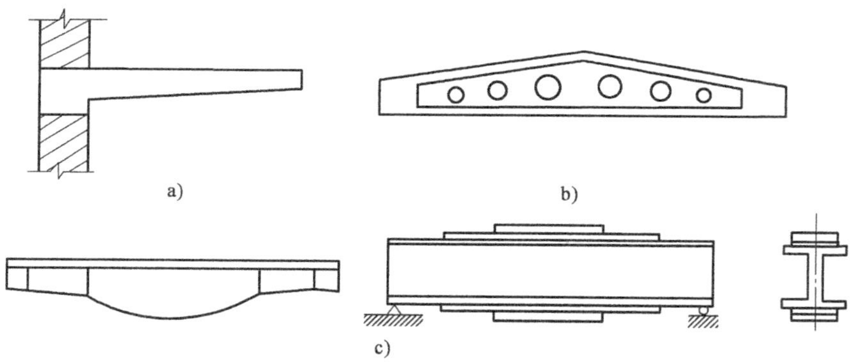

图 4-24 等强度梁

二 建筑阳台挑梁受力分析与施工常见问题

建筑施工乃至加固领域中，经常可遇到悬臂梁结构。因为悬臂梁在整个结构体系中受力的特殊性，所以一旦出现质量问题，对整幢建筑物将构成极大的威胁。由于悬臂结构处于室外，常常受到雨水、二氧化碳等的直接侵蚀，且因为使用原因，荷载也存在一定的不确定性，所以一旦出现裂缝，将极有可能进一步扩大，严重时将危及建筑物的安全。

下面以建筑阳台挑梁为例对悬臂梁进行受力分析（图 4-25）：

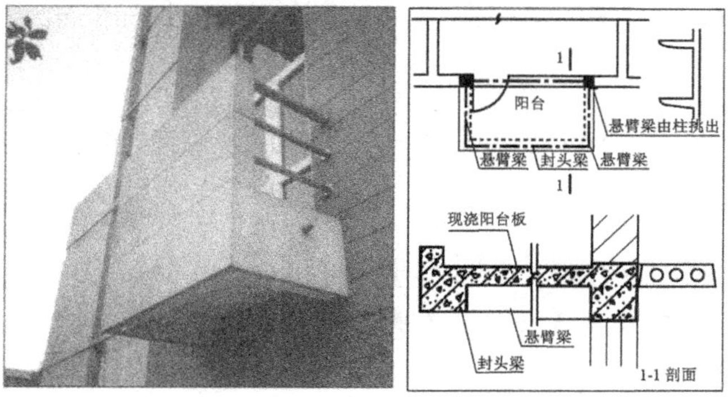

a) 阳台实物图　　b) 阳台构造图

图 4-25　阳台

1 挑梁的受力特征及破坏形态

绘制挑梁的计算简图，见图 4-26。根据内力分析，可知挑梁悬臂部分为负弯矩，梁的上侧受拉，在设计时，纵向受力钢筋应布置在梁的上侧。

如图 4-27 所示挑梁，挑梁的嵌固部分承受着上部砌体及其传递下来的荷载作用，在下界面上存在着压应力。在外荷载 $\boldsymbol{F}$ 作用下，挑梁 A 处的上、下界面上分别产生拉、压应力。随着荷载的增大，在挑梁 A 处的上界面将出现水平裂缝，与上部砌体脱开。若继续加荷，在挑梁尾部 B 处的下表面，也将出现水平裂缝，与下部砌体脱开。若挑梁本身承载力（正、斜截面）得

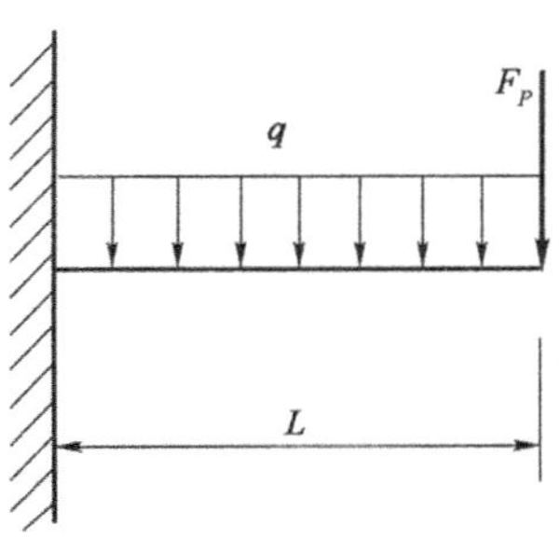

图 4-26　计算简图

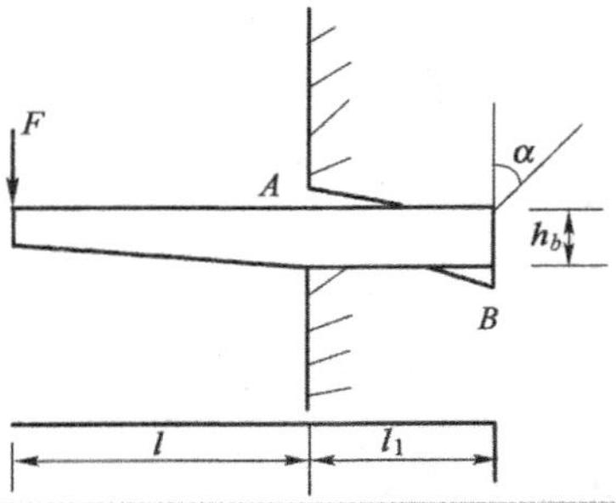

图 4-27　挑梁

到保证，则挑梁在砌体中可能发生下述的两种破坏形态。

（1）挑梁倾覆破坏。当挑梁埋入端砌体强度较高，而埋入段长度 l_1 较短时，就可能在挑梁尾端处角部砌体中产生阶梯形斜裂缝。当斜裂缝继续发展，如斜裂缝范围内砌体及其他上部荷载不足以抵抗挑梁的倾覆，挑梁即产生倾覆破坏。

（2）挑梁下砌体局部受压破坏。当挑梁埋入端砌体强度较低，而埋入段长度 l_1 较长时，在斜裂缝发展的同时，下界面水平裂缝也在延伸，挑梁下砌体受压区长度减小，砌体压应力增大。若压应力超过了砌体的局部抗压强度，则挑梁下的砌体将发生局部受压破坏。

2 施工中的问题

（1）钢筋布置不当。因为现场工人操作时容易将悬挑梁的负钢筋踩踏下去，造成梁板计算控制截面的有效高度减小；此外，还有钢筋位置配反的情况，此种情况更加危险，拆模时将可能坍塌。

（2）混凝土强度不够及尺寸不足。这种情况亦是工程中易发生的问题。强度的不足意味着受压区面积增大，而受拉主筋小，主筋拉应力增大，拆模后会有较大变形及裂缝产生，从而形成安全隐患。

（3）其他原因。在施工过程中，钢筋的少配或误配，材料使用不当或失误（例如随意用光圆钢筋代替，使用劣质水泥，未经设计或验算随便套用其他混凝土配合比等），都将影响构件的质量。

单元小结

1. 梁的内力

计算内力的基本方法是截面法。在应用截面法时，可直接依据外力确定截面上内力的数值与符号。确定内力数值的规律为：剪力 F_Q 等于截面一侧外力的代数和，弯矩 M 等于截面一侧外力对横截面形心力矩的代数和。确定内力符号的规律为："左上右下剪力为正，左顺右逆弯矩为正"。

剪力和弯矩的函数图像——剪力图和弯矩图，是分析危险截面的依据之一。熟练、正确、快捷地绘制剪力图和弯矩图是学习工程力学的一项基本功。

本单元讨论了三种作内力图的方法：

(1) 根据剪力方程和弯矩方程作内力图；

(2) 简捷作图法——利用 M、F_Q 图与荷载之间的规律作内力图；

(3) 用叠加法作内力图。

当对梁在简单荷载作用下的弯矩图比较熟悉时，用叠加法作弯矩图是非常方便的。

在进行内力计算时，需特别注意下列几点：

(1) 截面法是计算内力的基本方法。要掌握好用截面法计算内力，则必须熟练而正确地画出研究对象图，根据研究对象上的力建立平衡方程。

(2) 在列平衡方程计算内力时，要弄清静力平衡方程中出现的正负号和对 Q、M 规定的正负号之间的区别。

(3) 正确校核支座反力值和方向的精确性，正确判断外力和外力矩的正负。

2. 梁的正应力强度

应掌握梁在平面弯曲情况下横截面上正应力分布规律及梁的强度计算方法。弯曲理论在工程中有着广泛的实用意义，同时，它比较集中和完整地反映了材料力学研究问题的基本方法。因此，弯曲理论是工程力学的重点内容。

弯曲时，梁的横截面上一般存在着弯曲正应力 $\boldsymbol{\sigma}$：

正应力计算公式　$$\sigma_{max}=\frac{M \cdot y}{I_z}$$

正应力强度条件　$$\sigma_{max}=\frac{M_{max}}{W_z}\leqslant [\sigma]$$

在使用计算公式及对梁进行强度计算时，应注意以下几点：

(1) 通常，弯曲正应力是决定梁强度的主要因素。因此，应按弯曲正应力强度条件对梁进行强度计算（校核、设计截面尺寸及确定许可的外荷载），而在一些特殊情况下，才需对梁进行剪应力强度校核。

（2）正确使用正应力公式及对梁进行强度计算。

①必须弄清楚所要求的是哪个截面上、哪一点的正应力，从而确定该截面上的弯矩M、该截面对中性轴的惯性矩I_z及该点到中性轴的距离y，然后代入公式进行计算。

②梁在中性轴的两侧分别受拉或受压，弯曲正应力的正负号可根据弯矩的正负号来判断确定。

③正应力在横截面上沿高度呈线性规律分布，在中性轴上正应力为零，而在梁的上、下边缘处正应力最大。材料的抗拉、抗压性能相同时，正应力强度条件为

$$\sigma_{\max}=\frac{M_{\max}}{W_z}\leqslant[\sigma]$$

（3）正应力与梁的横截面形状、尺寸及其放置的方式有关。因此，必须重视有关截面图形的几何性质，并能熟练地进行运算。

（4）对梁进行强度计算的步骤：

①根据梁所受荷载及约束反力，画出剪力图和弯矩图，确定$|M_{\max}|$及其所在截面位置，即确定危险截面；

②判断危险截面上的危险点，即$\boldsymbol{\sigma}_{\max}$，计算其数值；

③进行弯曲正应力强度计算。

总之，在梁的弯曲强度计算这一部分内容中，应抓住“一个核心，两个推广”，即以弯曲正应力公式推导及其应用为核心，由对称截面梁的纯弯曲推广到横力弯曲，由对称截面梁推广到非对称截面梁。

3. 梁的变形

梁轴线上任一点（即横截面形心）在垂直于轴线方向的线位移称为该点的挠度，用y表示，挠度的单位与长度单位一致。

问题解析

1. 选取最佳吊点

图 4-28 所示为起吊一根单位长度重力为 q（kN/m）的等截面钢筋混凝土梁，要想在起吊中使梁内产生的最大正弯矩与最大负弯矩的绝对值相等，应将起吊点 A、B 放在何处（即 a 为何值）？

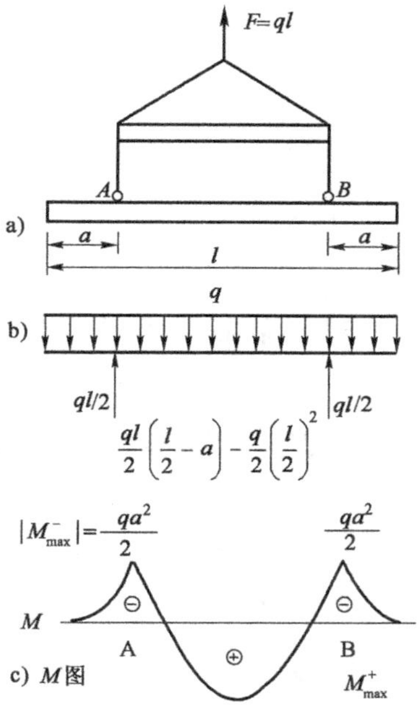

图 4-28　起吊梁图示

解析：梁的吊装是工程施工的一个重要环节，由于在起吊过程中，梁的受力与梁在设计时受力的偏差，所以吊点问题更是其关键问题。

作梁的计算简图及其 M 图。

由

$$|M_{max}^+|=|M_{max}^-|$$

得

$$\frac{ql}{2}\left(\frac{l}{2}-a\right)-\frac{q}{2}\left(\frac{l}{2}\right)^2=\frac{qa^2}{2}$$

即

$$a^2+la-\frac{l^2}{4}=0$$

求得

$$a=\frac{\sqrt{2}-1}{2}l\approx0.207l$$

2. 确定最不利荷载位置

图 4-29 所示简支梁受移动荷载 $\boldsymbol{F}$ 的作用。试求梁的弯矩最大时荷载 $\boldsymbol{F}$ 的位置。

解析：当荷载 $\boldsymbol{F}$ 移动到距 A 支座为 x 的位置时，梁的最大弯矩为

$$M_{max}(x)=\frac{x(l-x)}{l}F$$

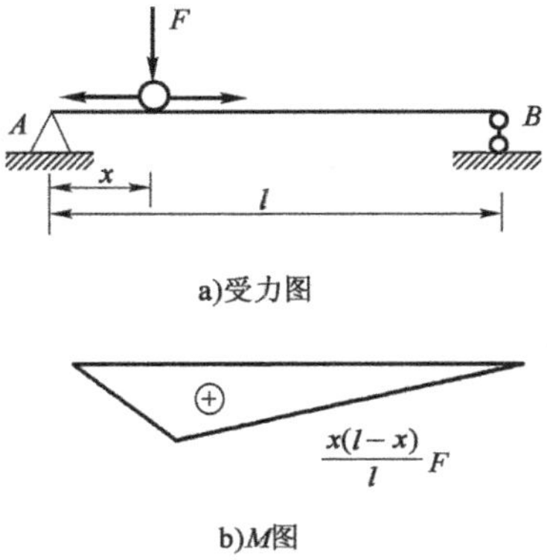

图 4-29　简支梁

由

$$\frac{dM_{max}(x)}{dx}=\frac{F}{l}(l-2x)=0$$

求得

$$x=\frac{l}{2}$$

即当移动荷载 $\boldsymbol{F}$ 位于梁的中点时，弯矩 $\boldsymbol{M}$ 达到最大。

思考与练习

1. 平面弯曲的受力特点及变形特点是什么？

2. 悬臂梁最外端作用有集中力 $\boldsymbol{F_P}$ 时，它与 xOy 平面的夹角如图4-30所示，试说明当截面分别为圆形、正方形、长方形时，梁是否发生平面弯曲？为什么？

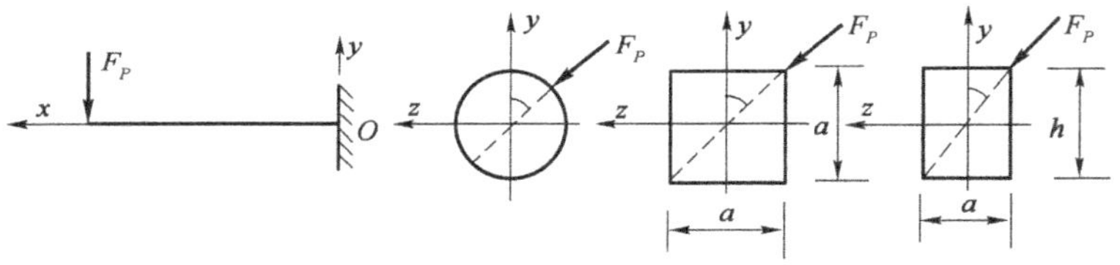

图4-30　梁的截面图

3. 试说明下列哪种情况可用图4-31b）所示的梁代替图4-31a）所示的梁？

（1）计算支反力 F_{Ay}、F_{By} 时；

（2）计算截面1-1上的 F_Q 与 M 时；

（3）计算截面2-2上的 F_Q 与 M 时。

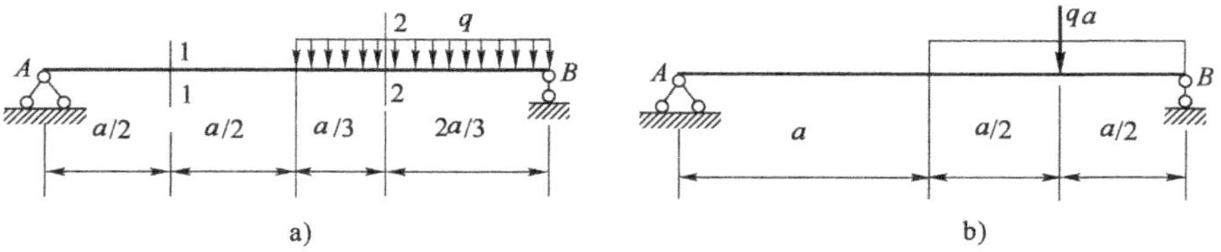

图4-31　梁的计算简图

4. 试判断图 4-32 所示各梁的弯矩图是否正确。如有错误，指出产生错误的原因并加以改正。

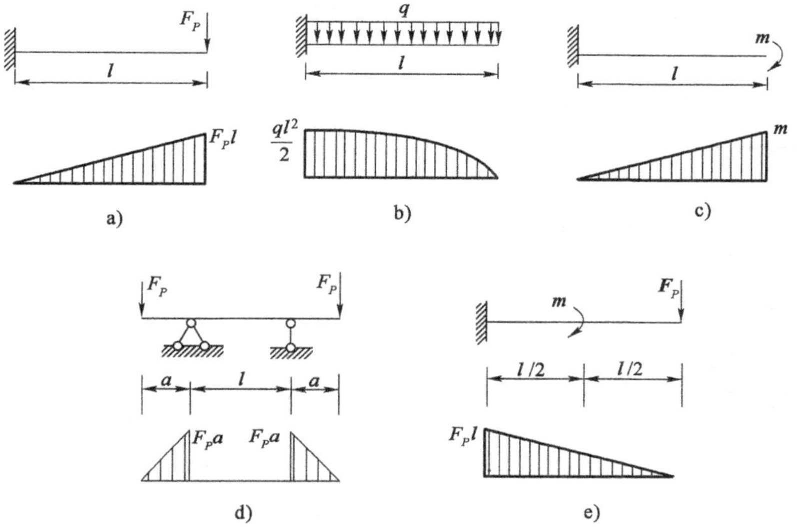

图 4-32　梁的计算简图及弯矩图

5. 画出图 4-33 所示梁所取截面上弯矩的方向，并标出哪些部位受拉？哪些部位受压？

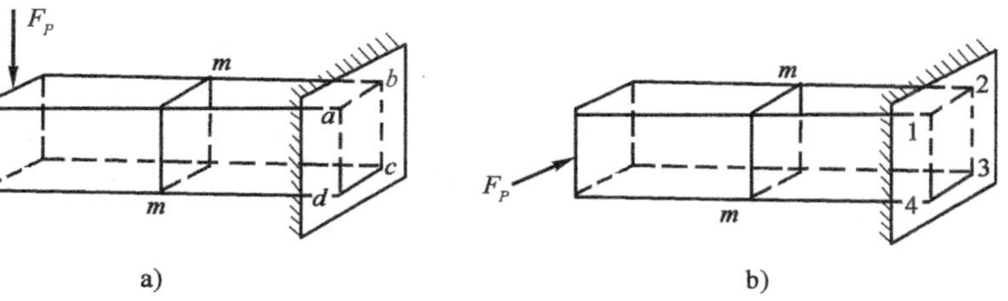

图 4-33　梁

6. 什么是梁的挠度和转角？

7. 用截面法（画出研究对象）计算下列各梁指定截面上的内力，见图 4-34。

8. 用计算内力的简便方法，直接根据荷载求图 4-35 所示各梁指定截面上的内力。

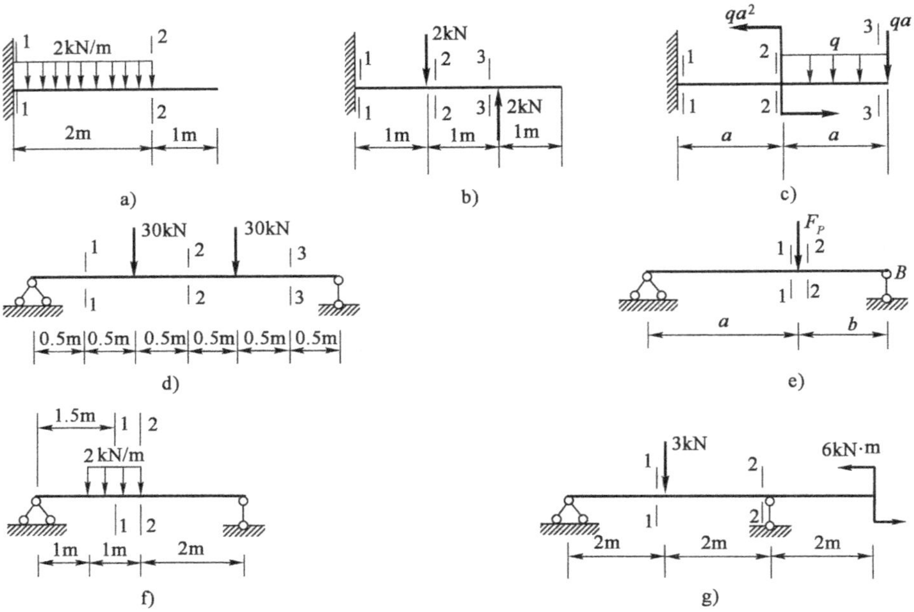

图 4-34　梁的计算简图

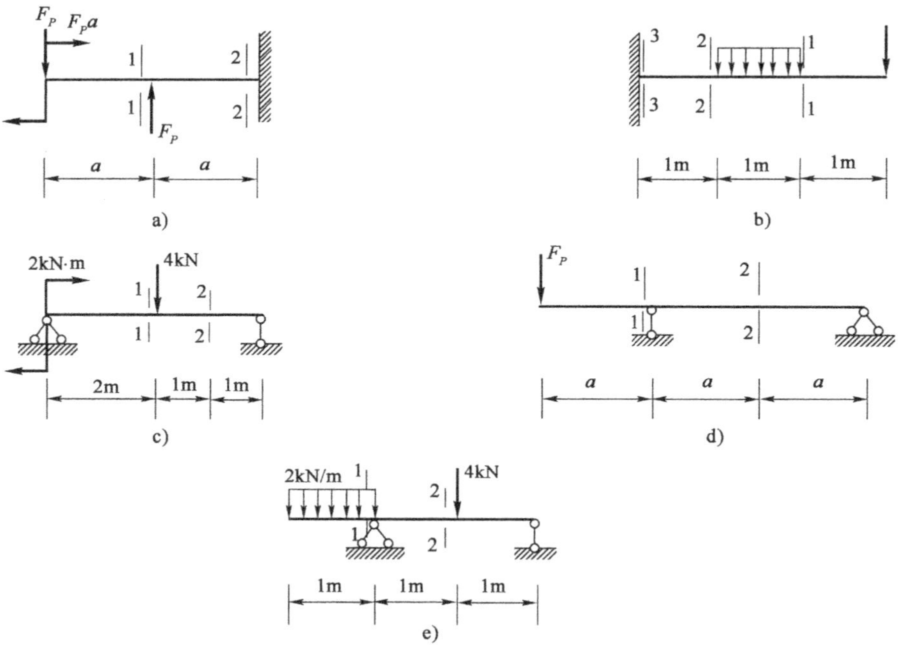

图 4-35　梁的计算简图

9. 利用规律，绘制图 4-36 所示梁的剪力图和弯矩图。

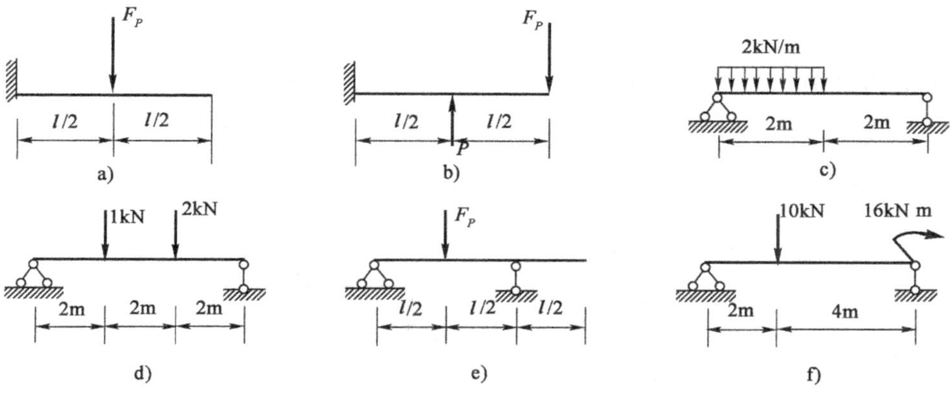

图 4-36　梁的计算简图

10. 如图 4-37 所示某 20a 工字形钢梁在跨中作用有集中力 $\boldsymbol{F}$，已知 l=6m，F=20kN，求梁中的最大正应力。

11. 圆形截面木梁承受图 4-38 所示荷载作用，已知 l=3m，F=3kN，q=3kN/m，弯曲时木材的容许应力 $[\sigma]$ =10MPa，试选择梁的直径 d。

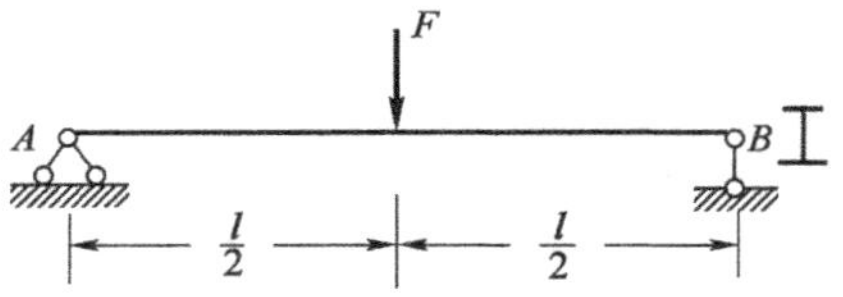

图 4-37　梁的计算简图

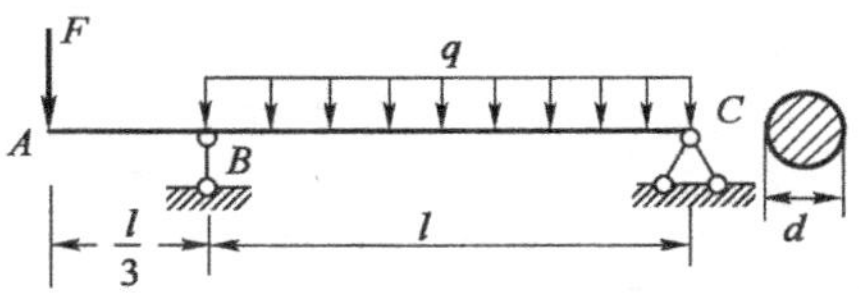

图 4-38　梁的计算简图

学习项目

建筑施工和路桥施工中的混凝土结构都需要模板。模板是混凝土浇筑成形的模壳和支架，它是一种临时性结构，它按设计要求制作，使混凝土结构、构件按规定的位置、几何尺寸成形，保持其正确位置，并承受模板自重及作用在其上的荷载。为了保证工程质量，在施工前对模板的强度进行校核尤为重要。

项目背景：现有一现浇楼板，模板支架搭设高度为 4.2m，立杆上部出头 300mm。其立面图如图 4-39 所示，搭设尺寸为：立杆的纵距 $b=1.20$m，立杆的横距 $l=1.20$m，立杆的步距 $h=1.50$m。板底次龙骨采用 50mm×80mm 木方，间距 300mm；梁顶托（主龙骨）采用 100mm×100mm 木方。

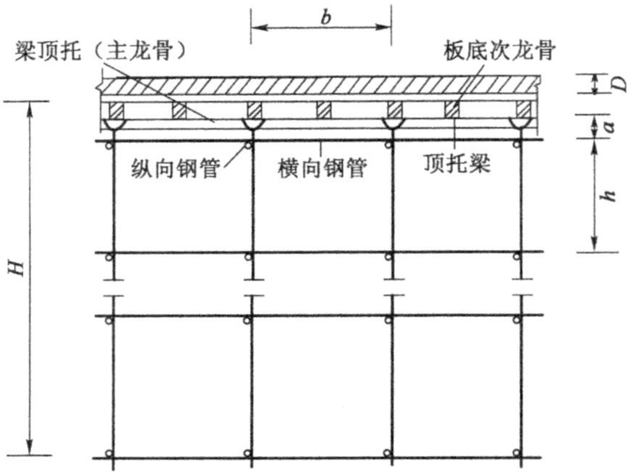

图 4-39　楼板支撑架立面简图

荷载参数见表 4-6。

荷　载　参　数　　表 4-6

荷载参数	参数值
模板自重（kg/m²）	0.35
混凝土和钢筋自重（kg/m³）	25.00
楼板现浇厚度 D（m）	0.20

项目实施要求：教师对荷载进行简单分析，学生以小组为单位，对背景中楼板模板支撑进行受力分析，填写学习任务单，完成一份含支撑体系中模板面板、模板底次龙骨、梁顶托（主龙骨）正应力强度校核的计算书。利用课余时间，两周内完成。

提示：(1) 模板面板、模板底次龙骨、梁顶托（主龙骨）均按简支梁（偏安全）进行计算；

(2) 模板面板的容许正应力为 15.00MPa；龙骨为木方，其容许正应力为 13.00MPa。

学 习 任 务 单

<table>
<tr><td>主　　题</td><td colspan="2">模板的强度计算</td></tr>
<tr><td>小组成员与分工</td><td colspan="2">组　　　长________
网络信息收集________
图书资料查找________
咨 询 导 师________
其　　　他________</td></tr>
<tr><td>项目目的</td><td colspan="2">能对工程结构进行荷载分析□　直梁正应力强度的应用□　培养安全意识□　激发专业兴趣□　增加学习力学的兴趣□</td></tr>
<tr><td>支架结构受力传递分析</td><td colspan="2">楼板重力传递至________传递至________传递至________
传递至________传递至________传递至________</td></tr>
<tr><td rowspan="4">分析模板支撑体系中各构件主要变形形式</td><td>模板面板</td><td></td></tr>
<tr><td>模板底次龙骨</td><td></td></tr>
<tr><td>顶梁托（主龙骨）</td><td></td></tr>
<tr><td>钢管立柱</td><td></td></tr>
<tr><td>模板的种类</td><td colspan="2"></td></tr>
<tr><td>研究方法</td><td colspan="2">实地考察法□　问卷调查法□　集体研讨法□　访谈法□　统计法□　搜索网络信息□　收集图书资料□</td></tr>
<tr><td>学习效果自评</td><td colspan="2">团队合作□　工作效率□　交流沟通能力□　获取信息能力□　写作能力□　表达能力□　专业知识的应用能力□
（根据小组完成任务情况填写 A：优秀；B：良好；C：合格；D：有待改进）</td></tr>
<tr><td>要求</td><td colspan="2">1. 以小组为单位，小组成员分工协作，集体讨论；
2. 填写学习任务单；
3. 结合工程结构的受力分析，综合应用知识，完成计算说明书</td></tr>
</table>

自我检测

一、判断题

1. 梁发生平面弯曲的必要条件是至少具有一纵向对称面，且外力作用在该对称平面内。（　　）

2. 在集中力作用下的悬臂梁，其最大弯矩必发生在固定端截面上。（　　）

3. 作用在梁上的顺时针转动的外力偶矩所产生的弯矩为正，反之为负。（　　）

4. 若梁在某一段内无荷载作用，则该段的弯矩图必定是一直线段。（　　）

5. 中性轴上的弯曲正应力总是为零。（　　）

6. 当荷载相同时，材料相同、截面形状和尺寸相同的二根梁，则其横截面上的正应力分布规律不相同。（　　）

二、填空题

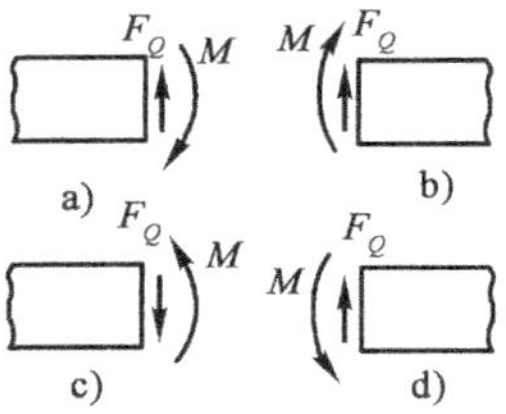

图 4-40　剪力、弯矩图

1. 梁上没有均布荷载作用的部分，剪力图为________线，弯矩图为________线。

2. 梁上有均布荷载作用的部分，剪力图为________线，弯矩图为________线。

3. 已知如图 4-40 所示 4 种情况，其中截面上弯矩为负、剪力为正的是________。

4. 简支梁承受总荷载相同，而分布情况不同的 4 种荷载情况如图 4-41 所示，在这些梁中，最大剪力 $F_{Q\max}$ = ________，发生在________梁的________截面处；最大弯矩 $M_{\max}$ = ________，发生在________梁的________截面处。

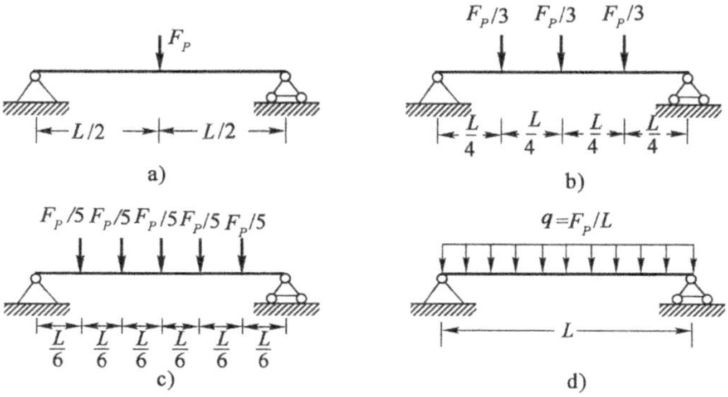

图 4-41　计算简图

5. 梁的横截面上，离中性轴越远的点，其正应力越________；某横截面上的弯矩越大，该处梁的弯曲程度就越________。

6. $W_z=I_z/y_{max}$称为________，它反映了________和________对弯曲强度的影响，W_z的值愈大，梁中的最大正应力就愈________。

三、选择题

1. 梁在集中力作用的截面处，则（　　）。

A. F_Q 图有突变，M 图光滑连续

B. F_Q 图有突变，M 图有折角

C. M 图有突变，F_Q 图光滑连续

D. M 图有突变，F_Q 图有折角

2. 梁在集中力偶作用的截面处，则（　　）。

A. F_Q 图有突变，M 图无变化

B. F_Q 图有突变，M 图有折角

C. M 图有突变，F_Q 图无变化

D. M 图有突变，F_Q 图有折角

3. 梁在某截面处 $F_Q=0$，则该截面处弯矩有（　　）。

A. 极值　　B. 最大值　　C. 最小值　　D. 有零值

4. 梁在某一段内作用向下的分布载荷时则在该段内 M 图是一条（　　）。

A. 上凸曲线　　B. 下凸曲线　　C. 带有拐点的曲线

5. 梁拟用图4-42所示两种方式搁置，则该两种情况下的最大应力之比$\sigma_{a\max}/\sigma_{b\max}$为（　　）。

A. 1/4　　B. 1/16　　C. 1/64　　D. 16

6. 对于相同横截面积，同一梁采用图4-43中的（　　）截面，其强度最高。

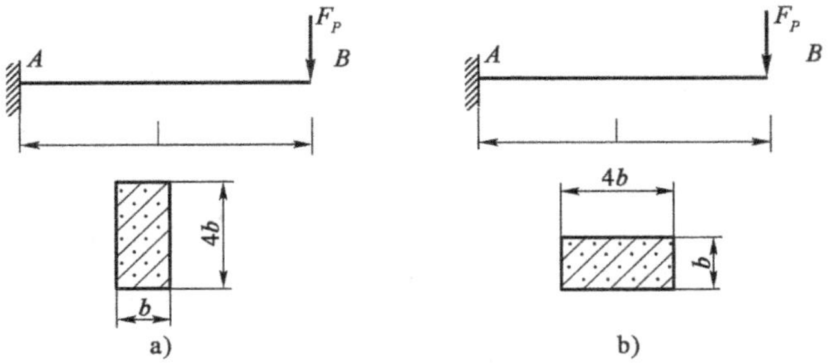

图4-42　计算简图

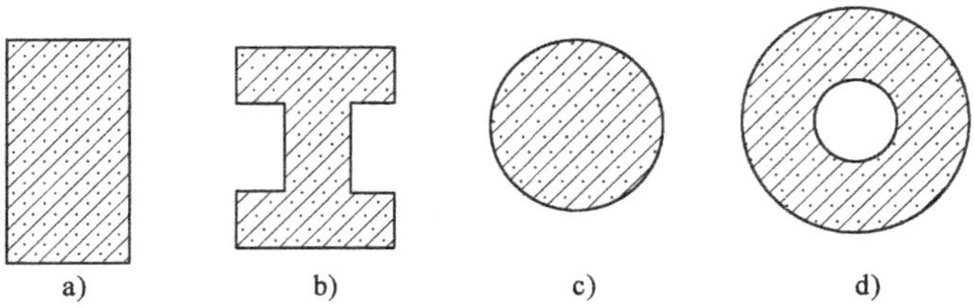

图 4-43　截面形式

四、作图题

用简捷法绘制图 4-44 所示梁的剪力图和弯矩图。

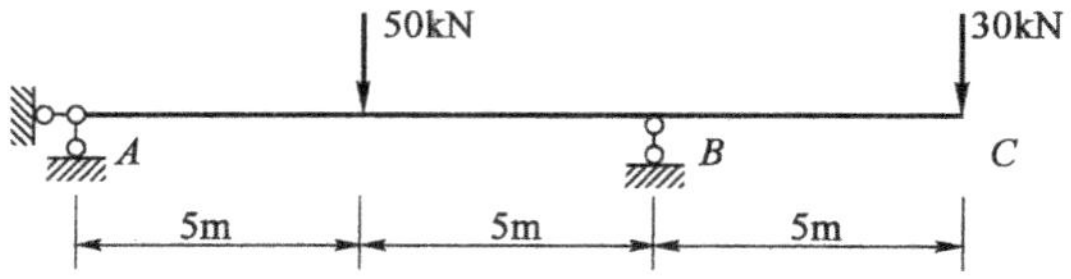

图 4-44　计算简图

五、计算题

1. 已知：矩形外伸梁如图 4-45 所示。

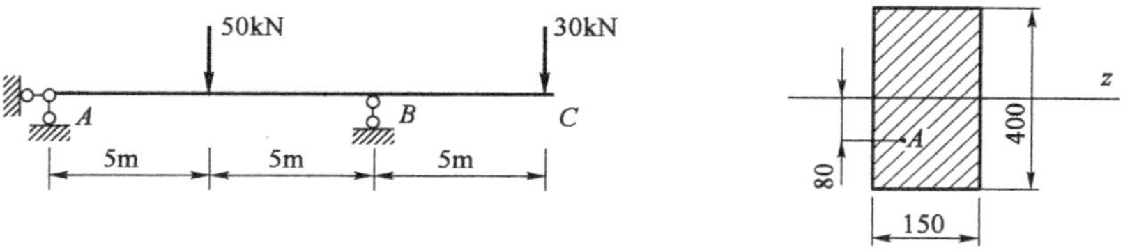

图 4-45　计算简图（尺寸单位：mm）

试求：(1) 梁的最大弯矩截面中 A 点的弯曲正应力；

(2) 该截面的最大弯曲正应力。

2. 如图 4-46a) 所示 20b 工字钢制成的外梁，已知 $L=6\text{m}$，$F_P=30\text{kN}$，$q=6\text{kN/m}$，$[\sigma]=160\text{MPa}$，梁的弯矩图如图 4-46b) 所示，试校核梁的强度。(20b 工字钢 $I_z=2\,500\text{cm}^4$)

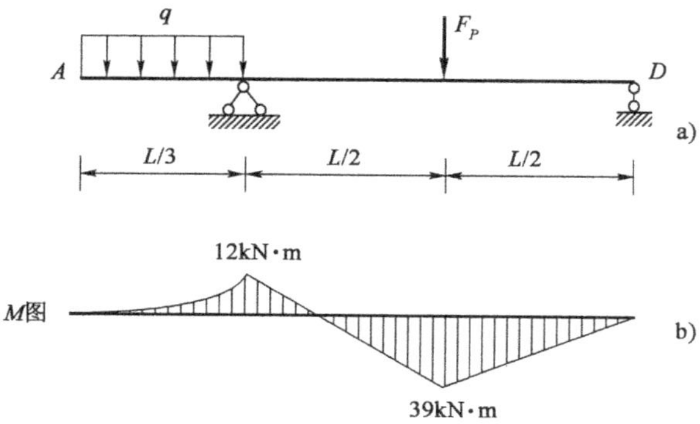

图 4-46　计算简图及 M 图

单 元 5

受压构件的稳定性

学习目标

1. 能够认识到压杆失稳的危害性；
2. 能叙述压杆失稳的概念；
3. 能够分析影响受压构件稳定性的因素；
4. 能够阐述提高压杆稳定性的措施；
5. 在小组学习中能够收集资料并提出解决问题的方法、措施。

读一读

一 昆明在建新机场立交桥垮塌事故

2010 年 1 月 3 日，云南建工集团市政公司承建的昆明新机场配套引桥工程，在浇筑混凝土的过程中突然发生支架垮塌事故，垮塌长度约为 38.5m，宽为 13.2m，支撑高度约为 8m。事发时，作业面下有 40 多人。截至 1 月 3 日 20：30 分，昆明新机场配套引桥工程支架垮塌事故共造成 7 人死亡，26 人轻伤，8 人重伤。图 5-1 为事故现场图片。

据初步分析，昆明新机场建设工地航站区 A3 标东引桥垮塌，是由于浇灌混凝土过程中其中一段支撑体系失稳造成的。

图 5-1　事故现场图

二 历史上的失稳事件

历史上也曾发生过多次由于压杆失稳而导致的重大事故。例如：1891 年瑞士一座长 42m 的桥，当列车通过时，因结构失稳而坍塌，12 节车厢中的 7 节落入河中，造成 200 多人死亡。1907 年加拿大魁北克省圣劳伦斯河上的钢结构大桥，在施工中，由于桁架中一根受压弦杆的突然失稳，造成了整个大桥的倒塌，使 9 000t 钢结构变成了一堆废铁，在桥上施工的 86 名工人中有 75 人丧生。此外，1925 年原苏联的莫兹尔桥和 1940 年美国的塔科马桥的毁坏，也都是由压杆失稳引起的重大工程事故。因此，解决好稳定问题在工程中十分重要。

想一想

1. 什么是失稳?
2. 如何提高受压构件的稳定性?
3. 从力学的角度分析模板支架坍塌的技术原因。

5.1 受压构件的稳定性

稳定和不稳定相对物体的平衡性质而言。

一 压杆稳定的概念

受轴向压力的直杆叫做压杆。从强度的观点出发，压杆只要满足轴向压缩的强度条件就能正常工作。这种结论对于短粗杆来说是正确的，而对于细长杆则不然。例如，取一根长度为 1m 的松木直杆，其横截面为矩形，$A=30\times5$mm，抗压强度极限为 $\sigma_b=40$MPa。此杆的极限承载能力应为

$$F_{Pb}=\sigma_b\times A=40\times30\times5=6\ 000\text{N}=6\text{kN}$$

试验发现，木杆在 $F_P=30$N 时就会突然变弯，这个压力比计算的极限荷载小两个数量级。可见，细长压杆的承载能力并不取决于轴向压缩的抗压强度，而是与该杆在一定压力作用下突然变弯、不能保持原有的直线形

状特性有关。这种在一定轴向压力作用下，细长直杆突然丧失其原有直线平衡形态的现象叫做压杆丧失稳定性，简称失稳。

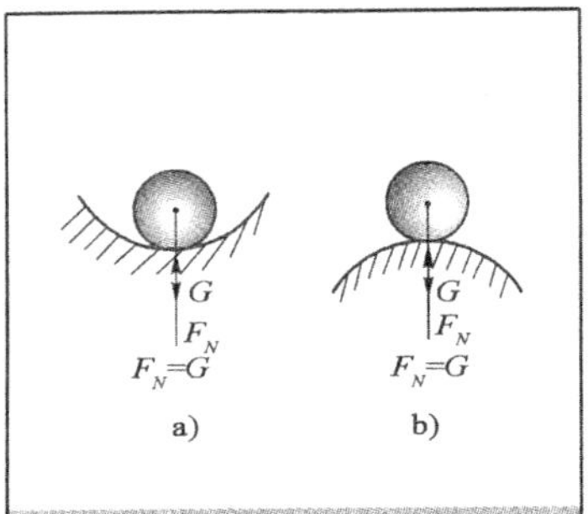

图 5-2　稳定平衡与不稳定平衡

“稳定”和“不稳定”是对物体的平衡性质而言。例如图 5-2a）所示处于凹面的球体，其平衡是稳定的，当球受到微小干扰，偏离其平衡位置后，经过几次摆动，它会重新回到原来的平衡位置。图 5-2b）所示处于凸面的球体，当球受到微小的干扰，它将偏离其平衡位置，而不再恢复原位，故该球的平衡是不稳定的。

二 受压杆件平衡状态分析

下面分析受压构件的平衡性质问题。如图 5-3a）所示为下端固定、上端自由的中心受压杆件，当压力 F_P 小于某一临界值 F_{Pcr} 时，杆件的直线平衡形式是稳定的。此时，杆件若受到某种微小干扰，它将偏离直线平衡位置，产生微弯［图 5-3b)］；当干扰撤除后，杆件又回到原来的直线平衡位置［图 5-3c)］。但当压力 F_P 超过临界值 F_{Pcr} 时，撤除干扰后，杆件则不再回到直线平衡位置，而在弯曲形式下保持平衡［图 5-3d)］，这表明原有的直线平衡形式是不稳定的。

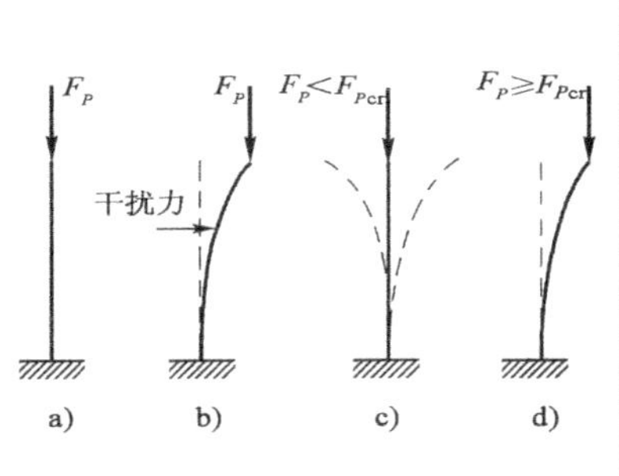

图 5-3　受压杆平衡状态分析

压杆由稳定直线平衡状态过渡到不稳定平衡状态，称为压杆丧失稳定性，简称失稳。从稳定平衡过渡到不稳定平衡的特定状态称为临界状态。临界状态下作用的压力 F_{Pcr} 称为临界力。临界力 F_{Pcr} 是判别压杆是否会失稳的重要指标。当 $F_P < F_{Pcr}$ 时，平衡是稳定的；$F_P > F_{Pcr}$ 时，平衡是不稳定的。所谓压杆的稳定性是指细长压杆在轴向力作用下保持其原有直线平衡状态的能力。

工程实践表明，脚手架钢管受压时的临界力要比发生强度破坏时的压力小几十倍。一个脚手架，由于其中一根或几根管子失稳，将可能导致整个架子的倒塌，因此，对于脚手架中的钢管，要注意它的稳定性。可见，压杆失稳与强度破坏，就其性质而言是完全不同的，导致压杆失稳的压力比发生强度破坏时的压力要小得多。因此，对细长压杆必须进行稳定性计算。

5.2 影响受压构件稳定性的因素

影响受压杆件稳定性的因素有四种。

一 临界力的欧拉公式

通过试验可知，临界力 F_{Pcr} 的大小与压杆的抗弯刚度成正比，与杆的长度的平方成反比，而且与杆端的支承情况有关，杆端约束越强，临界力就越大。在材料服从胡克定律和小变形的条件下，可推导出细长压杆临界力的计算公式——欧拉公式。

$$F_{Pcr}=\frac{\pi^2 EI}{(\mu l)^2} \tag{5-1}$$

式中：E——材料的弹性模量；

l——杆的长度，μl 称为计算长度；

I——杆件横截面的最小惯性矩；

μ——长度系数。长度系数 μ 与压杆两端的约束条件有关，见表5-1。

两端固定：$\mu=0.5$。

一端固定一端铰支：$\mu=0.7$。

两端铰支：$\mu=1$。

一端固定一端自由：$\mu=2$。

长度系数 μ 与压杆两端约束条件的关系　　　　表 5-1

杆端约束情况	一端自由，一端固定	两端铰支	一端铰支，一端固定	两端固定
挠曲线形状	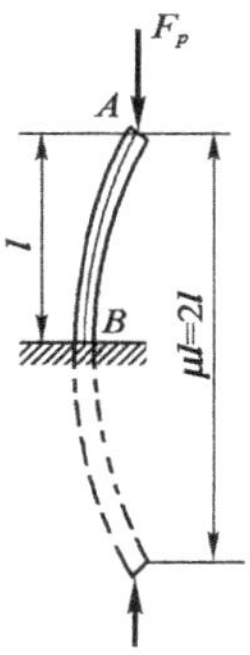		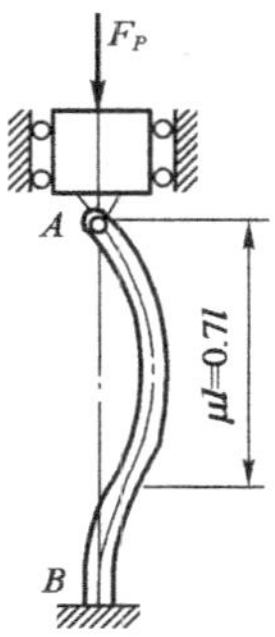	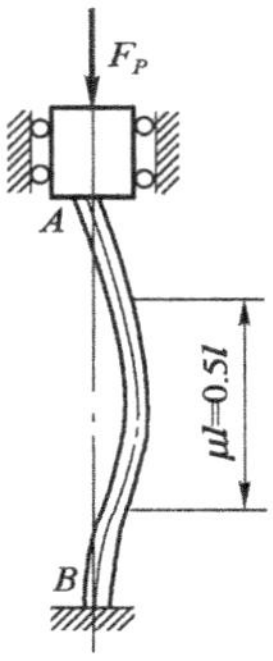
长度系数	$\mu=2.0$	$\mu=1.0$	$\mu=0.7$	$\mu=0.5$

当压杆处于临界状态时，杆件可以维持其直线形状的不稳定平衡状态，此时杆内的应力仍是均匀分布的，于是，临界应力的计算公式可简化为

$$\sigma_{cr}=\frac{\pi^2 E}{\lambda^2} \tag{5-2}$$

式中：λ——压杆的柔度或细长比，$\lambda=\frac{\mu l}{i}$，其中 i 为惯性半径，$i=\sqrt{\frac{I}{A}}$。

式（5-2）是欧拉公式的另一种表达形式。式中，压杆的柔度 λ 综合反映了杆长、约束条件、截面尺寸和形状对临界应力的影响。λ 越大，表示压杆越细长，临界应力就越小，临界力也就越小，压杆就越易失稳。因此，柔度 λ 是压杆稳定计算中的一个十分重要的几何参数。

二 影响压杆稳定性的因素

压杆的稳定性取决于临界应力的大小。由欧拉公式可知，当柔度 λ 减小时，则临界应力提高，而 $\lambda=\frac{\mu l}{i}$，所以影响受压构件稳定性的主要因素有受压构件的长度、选取的截面形状，受压构件两端的支撑情况以及所选用的材料。

三 提高受压构杆稳定性的措施

压杆临界力的大小反映了压杆稳定性的高低。要提高压杆的稳定性，就要提高压杆的临界力。

（1）减小压杆的长度。压杆的临界力与杆长的平方成反比，所以减小压杆长度是提高压杆稳定性的有效措施之一。因此，在条件许可的情况下，应尽可能使压杆中间增加支承。

（2）改善杆端支承，可减小长度系数 μ，从而使临界应力增大，即提高了压杆的稳定性。

（3）选择合理的截面形状。压杆的临界应力与柔度 λ 的平方成反比，柔度越小，临界应力越大。柔度与惯性半径成反比，因此，要提高压杆的稳定性，应尽量增大惯性半径。由于 $i=\sqrt{\frac{I}{A}}$，所以要选择合理的截面形状，应尽量增大惯性矩。例如选用空心截面或组合截面（图 5-4）。

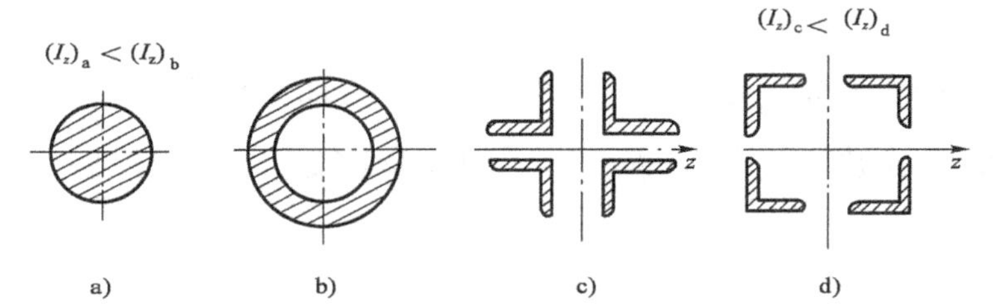

图 5-4　截面形状

（4）选择适当的材料。在其他条件相同的情况下，可以选择弹性模量 E 值高的材料来提高压杆的稳定性。但是，细长压杆的临界力与强度指标无关，普通碳素钢与合金钢的 E 值相差不大，因此采用高强度合金钢不能提高压杆的稳定性。

（5）改善结构受力情况。在可能的条件下，也可以从结构形式方面采取措施，改压杆为拉杆，从而避免失稳问题的出现，如图 5-5 所示的结构，斜杆从受压杆变为受拉杆。

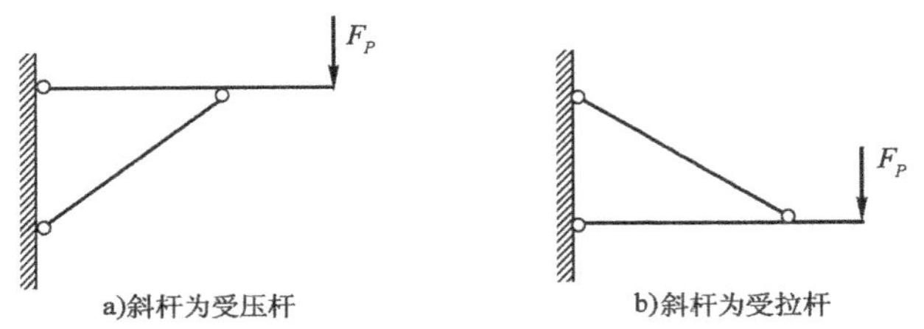

图 5-5 三角支架

5.3 受压构件的稳定性问题

一 压杆稳定条件

要使压杆不丧失稳定，应使作用在杆上的轴向压力 F_P 不超过压杆的临界力 F_{Pcr}，再考虑到压杆应具有一定的安全储备，则压杆的稳定条件为

$$F_P \leqslant \frac{F_{Pcr}}{K_w} = [F_{Pcr}] \tag{5-3}$$

式中：F_P——实际作用在压杆上的压力；

F_{Pcr}——压杆的临界压力；

K_w——稳定安全系数，是随 λ 而变化的；λ 越大，杆越细长，所取安全系数 K_w 也越大。一般稳定安全系数比强度安全系数大，这是因为失稳具有更大的危险性，且实际压杆总存在初曲率和荷载偏心等影响。

利用式（5-3）可进行压杆的稳定性计算，以保证压杆满足稳定性要求。这种方法在土建工程计算中应用较少。

二 实例

试分析模板支架发生坍塌的技术原因。

分析：从技术角度来讲，脚手架结构模板支架坍塌破坏之所以会发生，主要是出现了以下两种情况之一，或者二者兼而有之。一是架体或其杆件、节点实际受到的荷载作用超过了其实际具有的承载能力，特别是稳定承载能力；二是架体由于受到了不应有的荷载作用（侧力、扯拉、扭转、冲砸等），或者架体发生了不应有的设置与工作状态变化（倾斜、滑移和不均衡沉降等），导致发生非原设计受力状态的破坏。

单元小结

压杆的稳定性问题是研究构件承载能力的内容之一。

压杆的稳定性是指细长压杆在轴向力作用下保持其原有直线平衡状态的能力。

确定压杆的临界力是解决压杆稳定性问题的关键。压杆临界力和临界应力的计算，应按压杆柔度大小分别进行。

细长压杆

$$F_{Pcr}=\frac{\pi^2 EI}{(\mu l)^2}$$

$$\sigma_{cr}=\frac{\pi^2 E}{\lambda^2}$$

柔度 λ 是一个重要的概念，它综合考虑了杆件的长度、截面形状、尺寸以及杆端约束条件的影响。

$$\lambda=\frac{\mu l}{i}$$

柔度 λ 值愈大，临界力与临界应力就愈小，这说明当压杆的材料、横截面面积一定时，λ 值愈大，压杆就愈容易失稳。因此，对于两端支承情况和截面形状沿两个方向不同的压杆，在失稳时总是沿 λ 值大的方向失稳。

提高压杆稳定性的主要措施有：减小压杆的长度；改善杆端支承，减小长度系数 μ；选择合理的截面形状；选择适当的材料等。

问题解析

影响钢管脚手架稳定性的主要因素如下：

1. 步距（水平杆的间距）

在其他条件相同时，步距变化对脚手架承载能力影响很大。脚手架的承载能力随步距的加大而降低，当步距由 1.2m 增加到 1.8m 时，临界荷载将下降 26%～29%。

解析：当步距增大，在考虑稳定性的时候，相当于增加了立杆的计算长度，由欧拉公式 $F_{Pcr}=\dfrac{\pi^2 EI}{(\mu l)^2}$ 可知，当 l 越大时，临界荷载 F_{Pcr} 就会越小，稳定性就会越差。

2. 扣件的紧固程度

扣件的紧固程度标准为 40～50N·m。当扣件的紧固扭矩为 30N·m 时，将比 50N·m 的临界荷载降低 20%；但当达到 50N·m 时，再增加扣件的紧固程度，脚手架的承载能力则提高很小。这说明紧固程度达到一定数值后，再增加扣件扭矩的方法，对提高脚手架承载能力的影响已经很小。

解析：扣件的紧固程度，直接影响到立杆两端的约束情况，欧拉公式 $F_{Pcr}=\dfrac{\pi^2 EI}{(\mu l)^2}$ 中的 μ 直接反映了压杆两端的约束情况，约束越紧，μ 值取得越小，临界荷载 F_{Pcr} 就越大，稳定性就越好。但是在计算临界荷载时，μ 最小取值为 0.5（即两端可简化成固定端约束），所以当紧固程度到一定数值后，对稳定性的影响就不大了。

3. 横向支撑（剪刀撑）

设置横向支撑比不设置横向支撑的临界荷载将提高 15%。

解析：当脚手架到一定的高度后，必须设置横向支撑（剪刀撑），以此来保证脚手架整体的稳定性。

4. 钢管的质量

规范要求承重架钢管壁厚为 3.5mm，如果所用钢管壁厚过薄，则必将影响脚手架的承载能力。

解析：当钢管壁厚不符合要求后，使得钢管横截面面积变小，从而导致工作压应力过大，以致超过临界应力。

5. 安装不规范

如支架过高、垂直不符合规范要求；支架剪刀撑的斜杆夹角有的不符合规范要求，相当一部分斜杆没有做到与每一杆扣紧；支架的碗扣松动、没有锁紧，个别的地方可能没有连上碗扣。

解析：立杆不垂直，致使立杆从轴心受力变成偏心受力，立杆处于不利受力状态，容易失稳；支架剪刀撑的斜杆夹角应该为 45°～60°，这种角度可保证整个结构的稳定性；支架的碗扣的松紧直接影响到立杆的两端约束情况。

思考与练习

1. 什么是临界力？
2. 何谓压杆的柔度？其物理意义是什么？
3. 当压杆的横截面 I_z 和 I_y 不相等时，应计算哪个方向的稳定性？

学习项目

各类施工支架在承载和使用中发生坍塌时，大多都会造成相当严重的后果。特别是混凝土楼（层）盖模板支架在浇筑中发生的坍塌事故，往往都会造成惨重的人员伤亡、巨大的经济损失和不良的社会影响。这不仅给遇难人员家庭带来难以弥合的创伤，也会严重危及企业的生存与发展。因此，无论从哪方面来讲，都必须高度重视对模板支架坍塌事故的研究，采取强有力的技术保障和管理措施，预防和杜绝模板支架坍塌事故的发生。

以小组为单位，选取某个模板支架坍塌事故为研究对象，通过了解该事故的基本情况，分析事故的发生原因，填写下表。要求：利用课余时间，1 周内完成。

学 习 任 务 单

事故背景		
小组成员与分工	组　　　长________ 网络信息收集________ 图书资料查找________ 咨 询 导 师________ 其　　　他________	
项目目的	认识压杆稳定性的重要性□　分析影响压杆稳定性的因素□　培养安全意识□　激发专业兴趣□　增加学习力学的兴趣□	
事故原因分析	人员	操作者思想上不重视自检，复核、操作不认真□　部分操作者技术水平低□
	机械	塔吊协同性不好□
	材料	三无产品□ 钢管不符合国家标准□ 扣件未经检查□
	方法	架体基础未浇筑混凝土□ 架体基础混凝土浇筑不平整□ 梁板混凝土浇筑时集中堆料□
	环境	天气下雨、生活环境□
对应的措施	针对所分析的原因制订对应措施	
研究方法	实地考察法□　问卷调查法□　集体研讨法□　访谈法□　统计法□　网络信息搜索□　图书资料收集□	
学习效果自评	团队合作□　工作效率□　交流沟通能力□　获取信息能力□　写作能力□　表达能力□ （根据小组完成任务情况填写 A：优秀；B：良好；C：合格；D：有待改进）	
要求	1. 以小组为单位，小组成员分工协作，共同讨论； 2. 小组成员按照分工，广泛收集有效信息； 3. 理论联系实际，并应具有安全防护意识	

自我检测

一、判断题

1. 改变压杆的约束条件可以提高压杆的稳定性。（　　）

2. 压杆通常在强度破坏之前便丧失稳定。（　　）

3. 对于细长杆，采用高强度钢材可以提高压杆的稳定性。（　　）

4. 压杆失稳时，一定沿截面的最小刚度方向挠曲。（　　）

二、填空题

1. 压杆的柔度 λ 反映了__________、__________、__________等因素对临界应力的综合影响。

2. 长度系数 μ 反映了杆端的____________________对临界力的影响。

三、选择题

1. 细长杆承受轴向压力 F_P 的作用，其临界压力与（　　）无关。

A. 杆的材质

B. 杆的长度

C. 杆承受压力的大小

D. 杆的横截面形状和尺寸

2. 细长压杆的（　　），则其临界应力 σ 越大。

A. 弹性模量 E 越大或柔度 λ 越小

B. 弹性模量 E 越大或柔度 λ 越大

C. 弹性模量 E 越小或柔度 λ 越大

D. 弹性模量 E 越小或柔度 λ 越小

3. 两根材料和柔度都相同的压杆（　）

A. 临界应力一定相等，临界压力不一定相等

B. 临界应力不一定相等，临界压力一定相等

C. 临临界应力和临界压力一定相等

D. 临界应力和临界压力不一定相等

自我评价

检 测 项 目	完 全 能	基 本 能	不 能
能够认识到压杆失稳的危害性			
能够说明压杆失稳的概念			
能够分析影响受压构件稳定性的因素			
能够阐述提高压杆稳定性的措施			

单 元 6

工程中常见结构简介（选学模块）

学习目标

1. 清楚地知道在土木工程结构中只能采用几何不变体系；
2. 能叙述各种静定结构的结构特点以及受力特点；
3. 能从内力比较中认识到超静定结构相对于静定结构的优越性。

读一读　连续梁桥

连续梁桥是指两跨或两跨以上连续的梁桥（图 6-1）。连续梁在恒活载作用下，产生的支点负弯矩对跨中正弯矩有卸载的作用，使内力状态比较均匀合理，因而梁高可以减小，节省材料，且刚度大，整体性好，超载能力大，安全度大，桥面伸缩缝少。

图 6-1　连续梁桥

连续梁桥是中等跨径桥梁中常用的一种桥梁结构，预应力混凝土连续梁桥是其主要结构形式，它具有接缝少、刚度好、行车平顺舒适等优点，在 30～120m 跨度内常是桥型方案比选的优胜者。

想一想

1. 简支梁桥和连续梁桥在结构上有哪些区别？
2. 试举例日常生活中有哪些连续梁结构？

6.1 平面结构的几何组成分析

土木工程结构是几何不变体系。

一 几何不变体系与几何可变体系

杆件体系受到任意荷载作用后，在不考虑材料应变的情况下，其位置或形状是可以改变的，这样的体系则称为几何可变体系［图 6-2a)］。如果在不考虑材料应变的情况下，其位置和几何形状若能保持不变，这样的体系称为几何不变体系［图 6-2b)］。瞬变体系是一种特殊的几何可变体系，它可以沿某一方向产生瞬时的微小运动，但瞬时运动后即转化为几何不变体系（图 6-3）。土木工程结构必须是几何不变体系，而不能采用几何可变（常变或瞬变）体系。

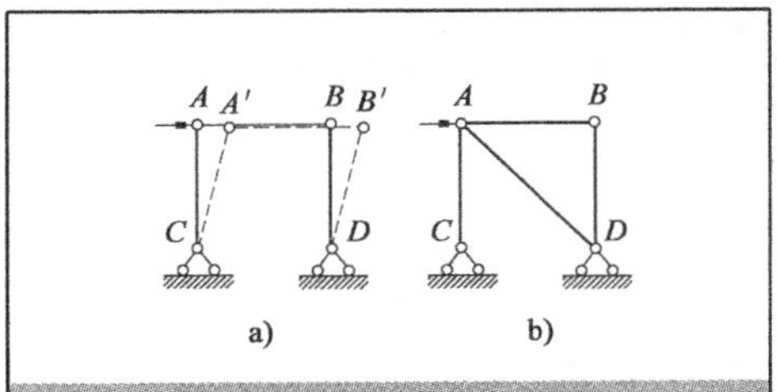

图 6-2　几何可变体系和几何不变体系

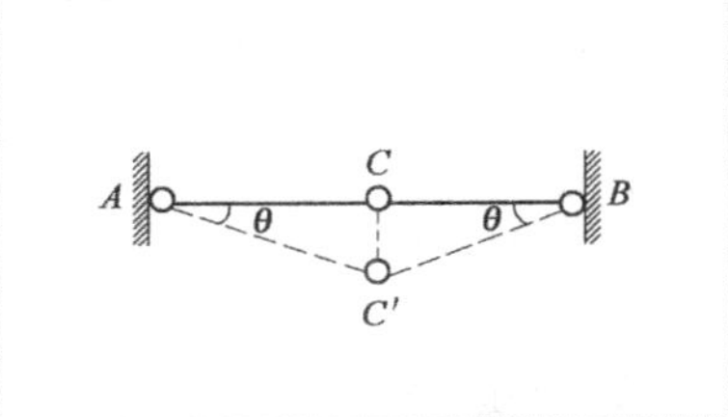

图 6-3　瞬变体系

二 几何不变体系的基本组成规则

给定三角形的三条边，则三角形的形状唯一确定，故铰接三角形是一个几何形状不变的体系。将三角形中的链杆视为刚片，可得到由刚片组成几何不变体系的组成规则。

规则一：如图 6-4a）所示，三刚片以不在一条直线上的三个铰两两相连，组成无多余约束的几何不变体系——三刚片规则。

规则二：如图 6-4b）所示，两刚片以一个铰及不通过该铰的一根链杆相连，组成无多余约束的几何不变体系——两刚片规则；或如图 6-4d）所示，两刚片以不互相平行，也不相交于一点的三根链杆相连，组成无多余约束的几何不变体系——两刚片规则。

规则三：如图 6-4c）所示，从一个刚片上的两点出发，用不共线的两根链杆连接一个新结点的构造，称为二元体。在一个体系中增加或去掉若干个二元体，都不会改变原体系的几何组成性质——二元体规则。

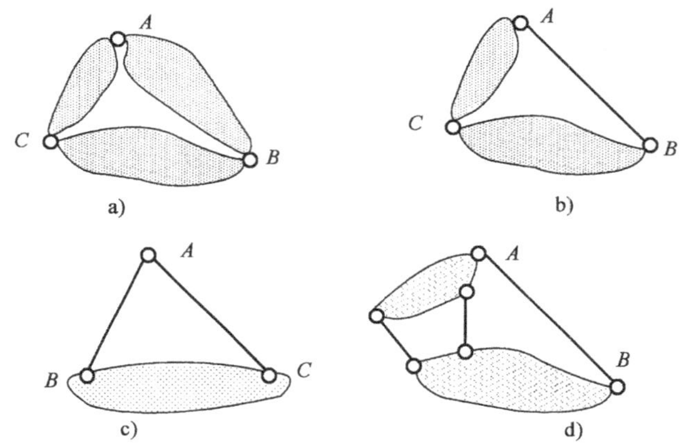

图 6-4 几何不变体系的组成规划

三 几何组成分析示例

几何组成分析步骤如下：

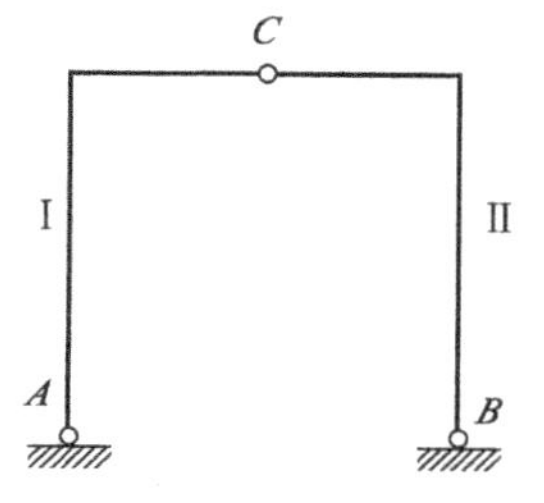

图 6-5 体系

（1）若体系可视为两个或三个刚片时，可直接应用以上三规则分析。

（2）若体系可视为两个或三个刚片时，可先把其中已分析出的几何不变部分视为一个刚片或撤去“二元体”，使原体系简化。

【例 6-1】 试对如图 6-5 所示体

系进行几何组成分析。

解析：首先将地基看成刚片，再将 AC 看成刚片 I，CB 看成刚片 II。由图 6-5 可知，刚片 I 与刚片 II 之间用铰 C 相连；刚片 I 与地基用铰 A 相连；刚片 II 与地基用铰 B 相连。所以刚片 I、刚片 II 与地基符合三刚片规则，该体系为几何不变体系，且无多余约束。这是一个静定三铰刚架。

【例 6-2】 试分析如图 6-6 所示桁架的几何组成。

解析：首先分析 AC、BC 杆的组成部分是一个二元体，其符合规则三，是几何不变体系。在此基础上依次增加由 3、4 杆，5、6 杆组成的两个二元体便可得到整个体系。可以判定由此组成的体系是几何不变体系，且无多余约束。

【例 6-3】 试分析如图 6-7 所示桁架的几何组成。

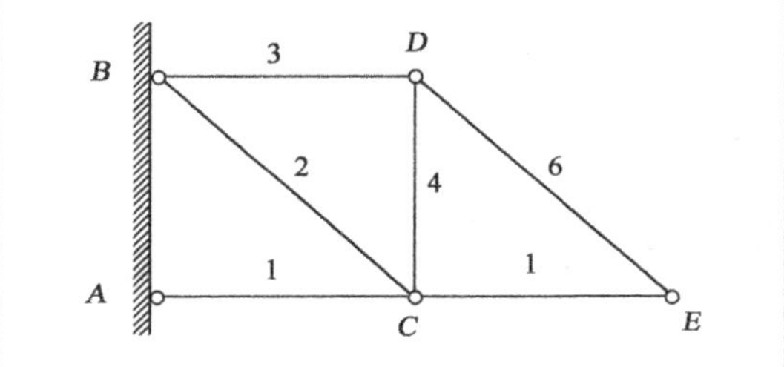

图 6-6 桁架

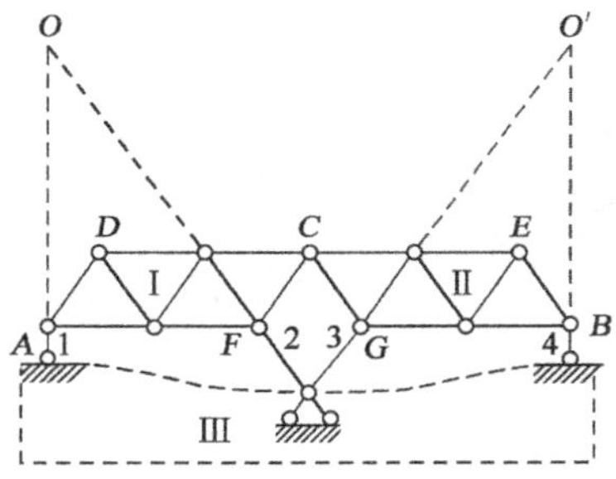

图 6-7 桁架

解析：由基本铰接三角形上增加二元体可得 $ADCF$ 和 $BECG$ 两部分都是几何不变的，可视为刚片 I、II，地基可看作刚片 III。刚片 I、III 之间有杆 1、2 相连组成虚铰 O；刚片 II、III 之间有杆 3、4 相连组成虚铰 O'；I、II 刚片则用铰 C 相连。O、D'、C 之铰不共线，依据三刚片组成规则，此桁架为几何不变且无多余联系。

四 静定结构与超静定结构的概念

从几何组成分析的角度来看，结构可以分为静定结构和超静定结构。无多余约束的几何不变体系称为静定结构。有多余约束的几何不变体系称为超静定结构。

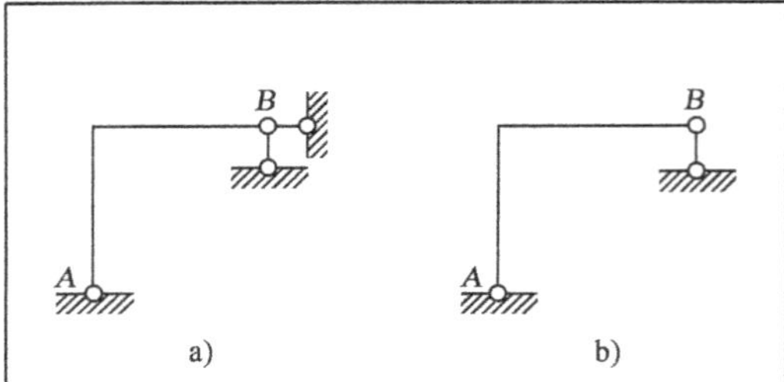

图 6-8 静定结构和超静定结构

如图 6-8a）所示，支座 B 处有一个多余约束，去掉任一根支座链杆，如图 6-8b）所示，此时刚片 AB 与基础用一铰一杆相连，符合两刚片规则几何不变体系。很显然，被去掉的水平链杆就是一个多余约束。这种有多余约束的几何不变体系称之为超静定结构。多余约束的个数又称之为超静定次数。

对于超静定结构，其支座反力和内力仅由静力平衡条件是无法全部唯一确定的。因此，超静定结构用平衡方程不能求解出全部未知的支座反力和内力。

6.2 工程中常见静定结构简介

无多余约束的几何不变体系称为静定结构。

一 静定多跨梁

由若干根梁用铰连接而成、用来跨越几个相连跨度的静定梁称为静定多跨梁。桥梁、房屋建筑中木檩条都是静定多跨梁。连续变形太长导致附加应力和内力，如路面变形缝。

常见的静定多跨梁有如下几种形式：

（1）无铰跨和两铰跨交替出现［图 6-9a)］；

（2）除第一跨外，其余各跨皆有一铰［图 6-9b)］；

（3）前两种方式组合而成［图 6-9c)］。

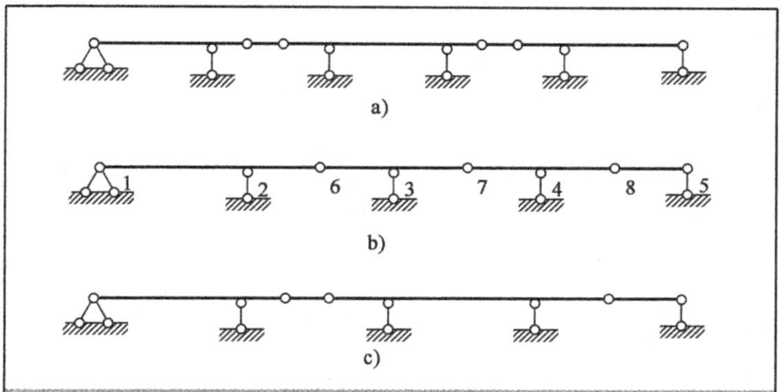

图 6-9 静定多跨梁

由图 6-10a）多跨静定桥梁简图所示，桥梁由 AB、BC、CD 组成。静定多跨梁可以分离为三静定单跨梁如图 6-10b）、c）所示。分别对其进行受力分析，可得到受力图如图 6-10d）所示。可以看出 BC 梁必须依靠 AB 和 CD 梁才能保持其几何不变性。而 AB 和 CD 梁直接将荷载往下传至基础，可以独立地保持几何不变性。

因此，常常将静定多跨梁的结构为基本部分和附属部分组成。基本部分是指在竖向荷载作用下能独立维持平衡，直接将荷载传到地基的部分，如图 6-10 中的 AB 和 CD 梁。附属部分是指必须依靠基本部分的支承才能承受荷载，并保持平衡的部分，如图 6-10 中的 BC 梁。

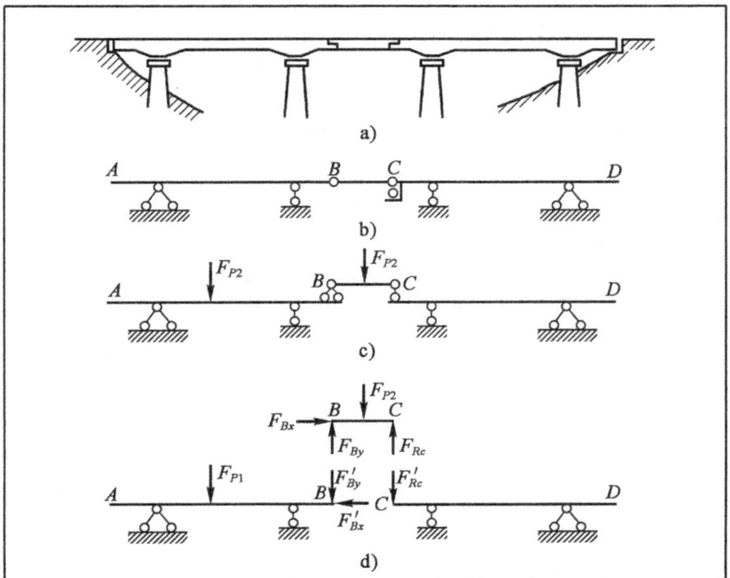

图 6-10 多跨静定梁

若附属部分被切断或撤除，整个基本部分仍为几何不变，反之，若基本部分被破坏，则其附属部分的几何不变性也连同遭到破坏。由图 6-10d）所示可见，静定多跨梁的受力特点为：基本部分上所受到的荷载对附属部分没有影响，附属部分上作用的外荷载必然传递到基本部分。

二 静定平面刚架

在工程结构中，由直杆（梁和柱）组成的具有刚节点的结构称之为刚架。当组成刚架的各杆的轴线和外力都在同一平面时，称作平面刚架。

刚架的结构特点和传力特点如下：

（1）杆件少，内部空间大，便于利用。

（2）刚节点处各杆不能发生相对转动，因而各杆件的夹角始终保持不变。

（3）刚节点处可以承受和传递弯矩，因而在刚架中弯矩是主要内力且分布较均匀。

（4）刚架中的各杆通常情况下为直杆，制作加工较方便。

正是以上特点，刚架在工程中得到广泛的应用。

静定平面刚架的类型如下：

（1）悬臂刚架：常用于火车站站台、雨棚等，如图 6-11a）所示。

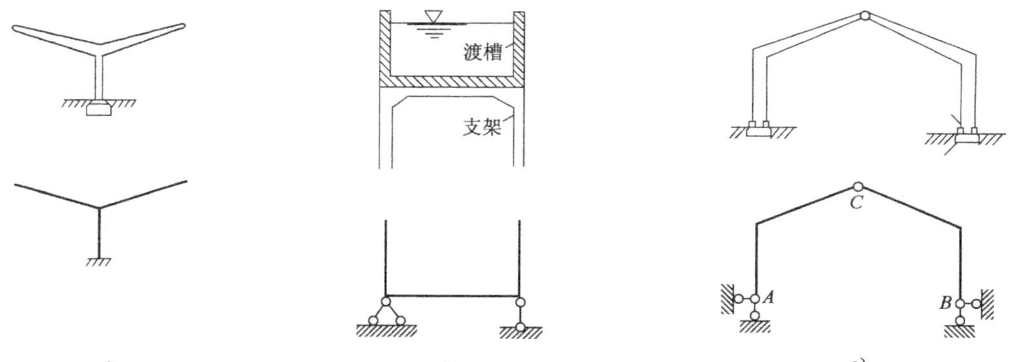

a)　b)　c)

图 6-11　静定平面刚架

(2) 简支刚架：常用于起重机的刚支架及渡槽横向计算所取的简图等，如图 6-11b) 所示。

(3) 三铰刚架：常用于小型厂房、仓库、食堂等结构，如图 6-11c) 所示。

三 静定平面桁架

桁架是由若干杆件在每杆两端用铰连接而成的结构。当各杆的轴线都在同一平面内，且外力也在这个平面内时，称为平面桁架。平面桁架的计算简图如图 6-12 所示，通常引用如下的简化假设：桁架的节点都是光滑的铰接点；各杆的轴线都是通过铰链中心的直线；荷载与支座反力都作用在节点上。

桁架各部分的名称如图 6-12 所示。其上边的杆件称为上弦杆，下边的杆件称为下弦杆。连接上弦和下弦的杆件统称为腹杆，其中竖直的杆称为竖杆，倾斜的杆称为斜杆。弦杆上相邻两节点间的距离称为节间，通常用 d 表示。两支座间的水平距离称为跨度，通常用 l 表示。支座连线至桁架最高点的距离称为桁高，通常用 H 表示。

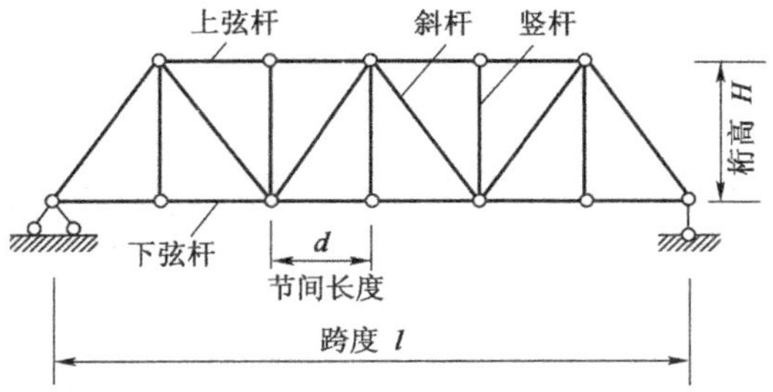

图 6-12　桁架

静定平面桁架按结构外形可分为平行弦桁架（图 6-13），折弦桁架（图 6-14）和三角形桁架（图 6-15）三种。

(1) 平行弦桁架（图 6-13），上弦杆和下弦杆内力值均是靠支座处小，向跨度中间增大。腹杆内力的变化规律则是靠近支座处内力大，向跨中逐渐减小。可见，平行弦桁架的内力分布不均匀。如果按各杆内力大小选择截面，弦杆截面沿跨度方向必须随之改变，这样节点的处理较为复杂。如果各杆采用相同的截面，则靠近支座处弦杆材料性能不能充分利用，造成浪费。其优点是节点构造统一，腹杆可标准化，因此，主要在轻型桁架中应用，多用于跨度在 12m 以上吊车梁。

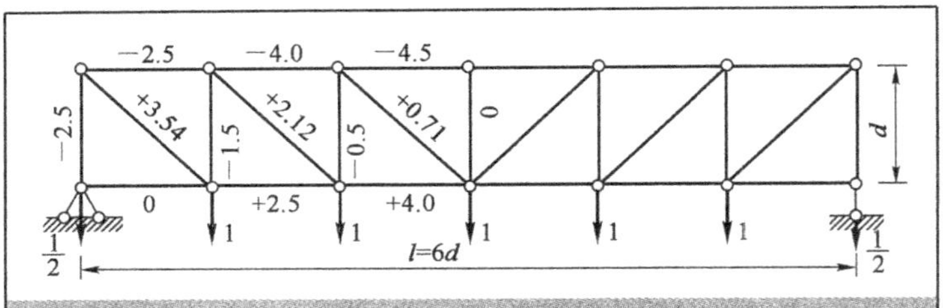

图 6-13 平行弦桁架

（2）折弦桁架（图 6-14）上、下弦杆的内力近似于相等，即内力分布均匀。当荷载作用在上弦杆节点时，各腹杆（斜杆＋竖杆）内力均为零；当荷载作用在下弦杆节点时，腹杆中的斜杆内力为零，竖杆内力等于节点荷载。是一种受力较好，较为理想的结构形式。但是上弦的弯折较多，构造较复杂，节点处理较为困难。在大跨度桥梁（100～150m）及大跨度屋架（18～30m）中，可节约材料，故常采用折弦桁架。

（3）三角形桁架（图 6-15）当荷载作用在上弦杆节点时，弦杆的内力两端大，中间小；腹杆的内力为两端小，中间大。其内力分布并不均匀，端节点处夹角甚小，构造布置较为困难。但是，由于三角形桁架的上弦斜面符合屋顶构造需要，故一般适用于较小跨度的屋架结构。

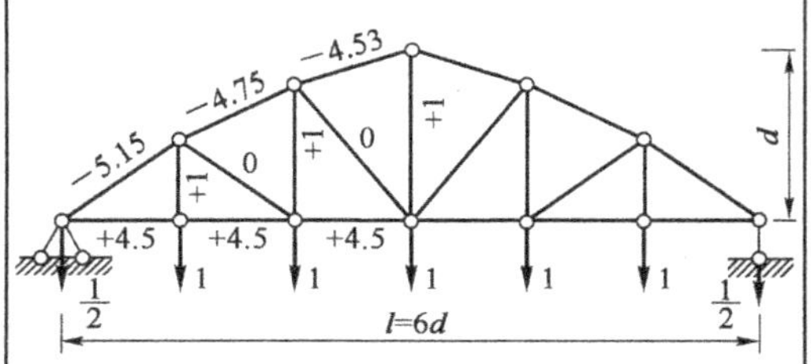

图 6-14 折弦桁架

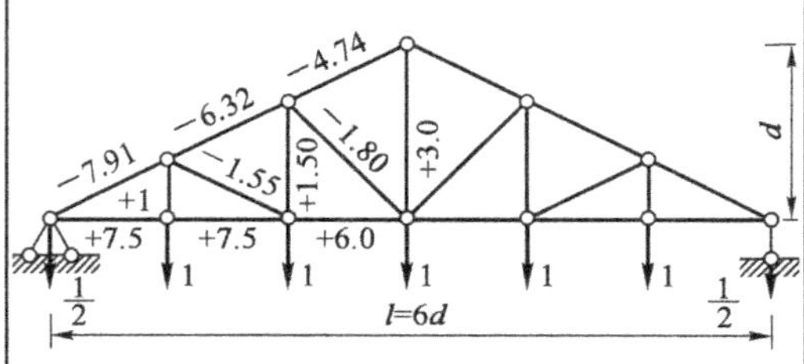

图 6-15 三角形桁架

在桁架中常有一些特殊形状的节点，掌握了这些特殊节点的平衡规律，可给受力分析与计算带来很大的方便。桁架节点平衡的几种特殊情况如图 6-16 所示。

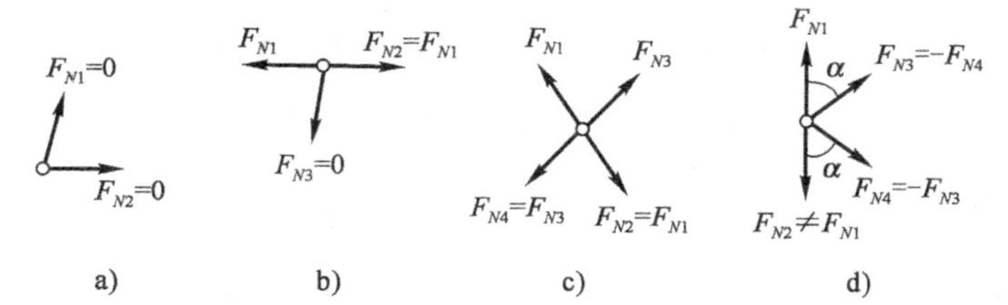

图 6-16 桁架节点平衡的几种特殊情况

L 形节点或称两杆节点［图 6-16a)］，当节点上无荷载时，两杆内力皆为零。凡内力为零的杆件称为零杆。

T 形节点是指三杆汇交的节点而其中两杆在一直线上［图 6-16b)］，当节点上无荷载时，第三杆（又称单杆）必为零杆，而共线两杆内力相等且符号相同（即同为拉力或同为压力）。

X 形节点是指四杆节点且两两共线［图 6-16c)］，当节点上无荷载时，则共线两杆内力相等，且符号相同。

K 形节点也是四杆节点，其中两杆共线，而另外两杆在此直线同侧且交角相等［图 6-16d)］。如节点上无荷载，则非共线两杆内力大小相等而符号相反（一为拉力，则另一为压力）。

上述结论均可根据适当的投影平衡方程来证明。应用上述结论，不难判断图 6-17 所示桁架中的零杆是三杆节点 D 和 E 的 4 杆和 8 杆。

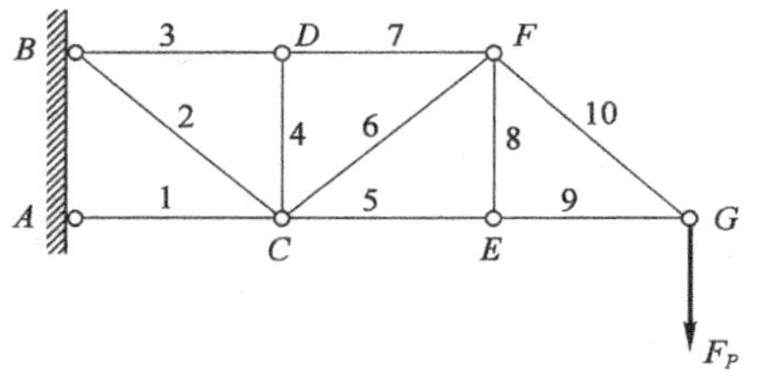

图 6-17 桁架

四 静定拱

拱是轴线为曲线，在竖向荷载作用下支座处有水平推力的结构。三铰拱是唯一的静定拱。

三铰拱的基本特点是在竖向荷载作用下，除产生竖向反力外，还产生水平推力，如图 6-18 所示。因此，也将拱称为一种轴线为曲线的推力结构。

推力对拱的内力可产生重要的影响，由于存在水平推力，故三铰拱各截面上的弯矩值，小于与三铰拱相同跨度、相同荷载作用下的简支梁各对应截面上的弯矩值，拱的内力以轴向压力为主。因此，拱与相应简支梁比较，它的优点是用料比梁少且自重较轻，故能跨越较大的空间。此外，由于拱主要是承受轴向压力，故建造时可以充分利用抗拉性能弱而抗压性能强的材料，如砖、石、混凝土等。但是，拱的缺点是构造比较复杂，施工费用较高。同时，由于推力的存在，拱需要有较为坚固的基础或支承结构（如墙、柱、墩、台等）。

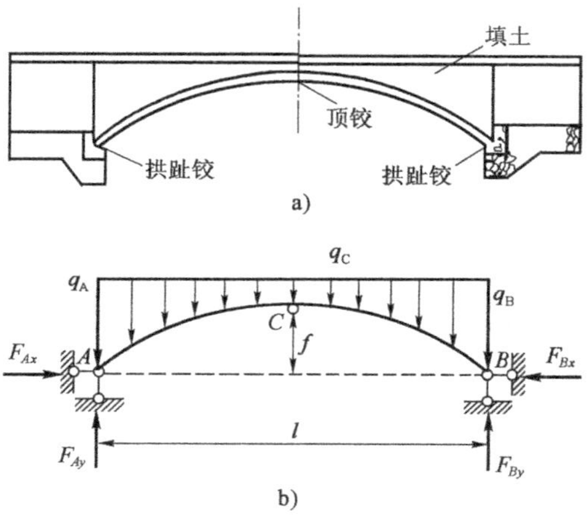

图 6-18　三铰拱

常见三铰拱的计算简图如图 6-19 所示。拱的各部分名称如下：

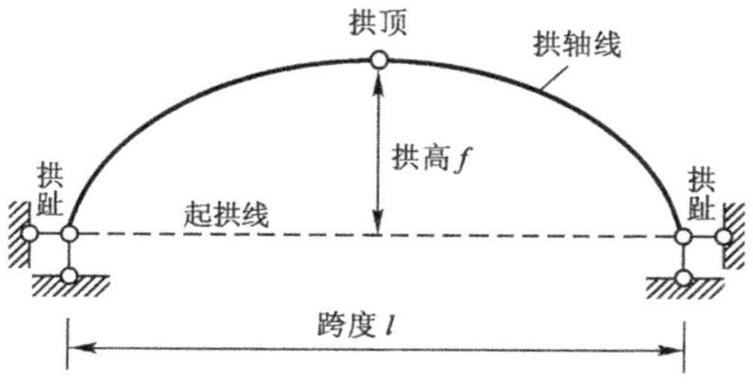

图 6-19　三铰拱的计算简图

两拱趾的连线称为起拱线；拱的最高点称为拱顶；拱各截面形心的连线称为拱轴线；拱的两端支座处称为拱趾；两拱趾之间的水平距离称为拱

的跨度；拱顶到起拱线的竖向距离称为拱高；拱高与跨度的比值$\frac{f}{l}$称为高跨比。两拱趾在同一水平线上的拱称平拱；两拱趾不在同一水平线上的拱称斜拱。高跨比$\frac{f}{l}<\frac{1}{5}$的拱称为坦拱；$\frac{f}{l}>\frac{1}{5}$的拱称为陡拱。

6.3 工程中常见超静定结构简介

几何特征为有多余约束的几何不变体系称之为超静定结构。超静定结构是在实际工程中经常采用的结构体系。由于有多余约束的存在，使得该类结构在部分约束或连接失效后仍可以承担外荷载。

一 超静定梁——连续梁

工程上为了减小弯曲变形以提高梁的刚度，降低最大弯矩以提高梁的强度，除了维持梁的稳定平衡必需的约束外，还要增加一些约束，这些约束是不能忽视的，从而梁受到的约束力多于静力平衡方程的数目，利用静力平衡方程不能确定全部约束反力。

如图 6-20 所示，连续梁全梁连续不断。在荷载作用下其变形曲线平滑，与静定的简支体系相比较，超静定结构的连续体系可以减小跨度以内弯矩的绝对值，降低主梁的高度，从而可以减少材料用量和结构自重，而结构自重的减少又进一步降低了由恒载引起的内力。

工程中常见的预应力混凝土连续梁桥就具有整体性能好，结构刚度大，变形小和抗震性好的特点。尤为突出的是在使用上，主梁变形挠曲线平缓，使桥面伸缩缝少，行车舒适。

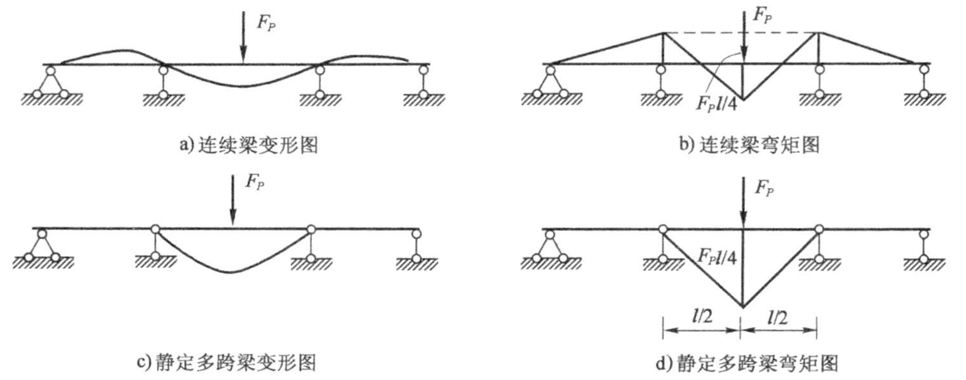

图 6-20 连续梁

二 超静定拱

超静定拱结构是工程中常用的一种结构。例如，桥梁中广泛采用的双曲拱桥［图 6-21a)］，建筑中常用的带拉杆的拱式屋架［图 6-21b)］，水利工程和地下建筑中的隧洞衬砌等都是属于拱式结构［图 6-21c)］。

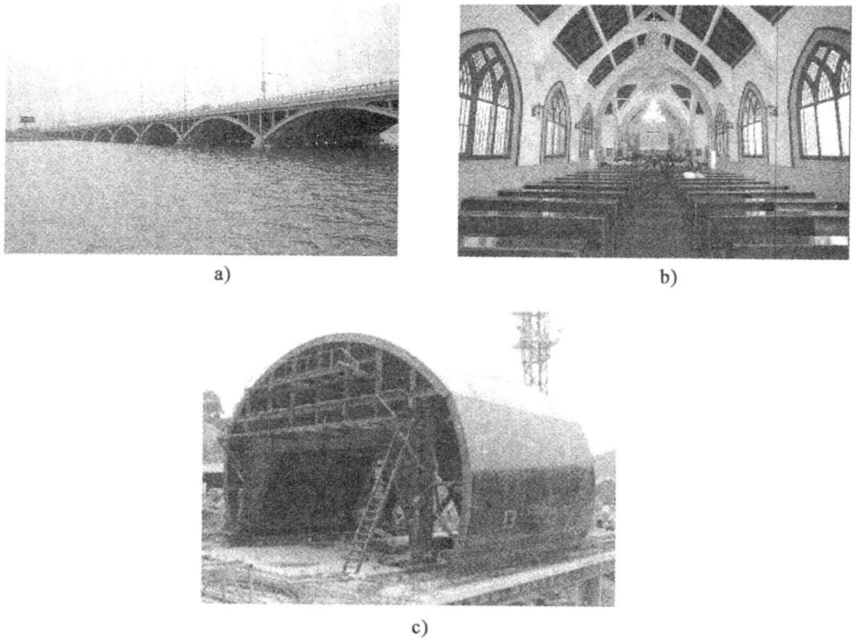

图 6-21 拱式结构

超静定拱通常是两铰拱［图 6-22 b)］和无铰拱［图 6-22 c)］，其受力特点在于弯矩较小，主要是承受轴向压力。无铰拱在荷载作用下，弯矩比两铰拱均匀，但受支座移动的影响较大。两铰拱在支座发生的竖向位移不大时，并不引起内力。当拱的基础比较弱时，如支承在砖墙或独立柱上的两铰拱式屋盖结构，通常可在两铰拱底部设置拉杆，以承担水平推力，如图 6-22a）所示，而外部支座约束是静定的，因而支座发生移动时对拱体受力无影响。

图 6-22　超静定拱

两铰拱与三铰拱比较，其整体性能好；与无铰拱比较，其由温度、支座沉陷引起的附加内力要小，无铰拱由温度、支座沉陷引起附加内力大，对地基要求高，但是其内力分布均匀，节约材料，与有铰拱相比，其构造简单（施工方便）、维护费用少、整体刚度好，所以其使用最为广泛。

单元小结

1. 几何不变体系：在不考虑杆件应变的假定下，体系的位置和形状是不会改变的体系［图 6-23a)］。

图 6-23　几何不变体系和几何可变体系

2. 几何可变体系：在不考虑杆件应变的假定下，体系的位置和形状是可以改变的体系［图 6-23b)］。

3. 刚架是由若干梁和柱用刚节点连接而成的结构。具有刚节点是刚架的主要特征。

单元 6

工程中常见结构简介（选学模块）

4. 梁式结构和拱式结构的区别：在竖向荷载作用下是否有水平推力。

5. 超静定结构具有下面几点主要特性：

(1) 超静定结构由于存在多余约束，故与相应的静定结构比较而言，其内力分布较为均匀，刚度和稳定性都有所提高。

(2) 超静定结构在非荷载因素（温度变化、杆件制造误差、支座位移等）作用下会产生内力（这种内力状态有时称为自内力状态），且这种内力与各杆 EI、EA 的绝对值有关（成正比）。因此，为了提高结构对温度变化、支座位移等因素的抵抗能力，增大结构截面尺寸并不是有效的措施，为了减小自身内力的不利影响，可以采用设置温度缝、沉降缝等构造措施。

问题解析

如图 6-24 所示钢管扣件式脚手架是由各受力杆件组成的单跨结构简单、受力明确的力学框架结构，小横杆、大横杆和立杆组成了荷载的承载框架，剪刀撑和拉节点主要是保证脚手架的整体刚度和稳定性，增加抵抗垂直和水平力作用的能力，拉节点则是承受和传递全部的风荷载。外架上荷载传递的途径：脚手板上的全部竖向荷载作用在纵横向水平杆上，并通过扣件传递到立杆上，最后由立杆传递给基础；水平风荷载则是通过拉节点传给建筑物的。

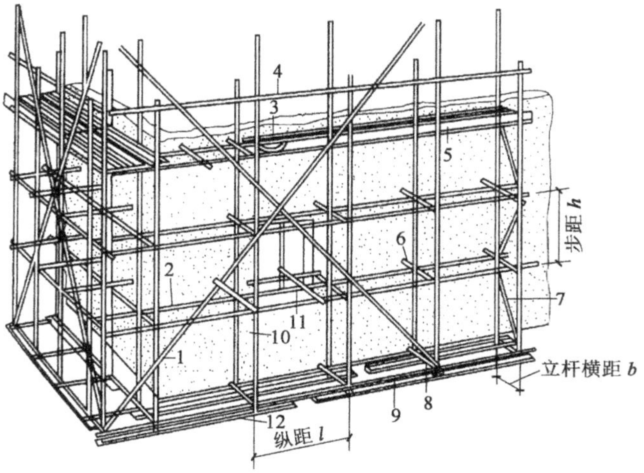

图 6-24　双排外脚手架的基本组成示意图

1-纵向支撑（剪刀撑）；2-纵向水平杆；3-脚手板；4-护栏；5-挡脚板；6-横向水平杆；7-横向支撑（横斜杆）；8-横向扫地杆；9-纵向扫地杆；10-立杆；11-连墙杆；12-垫板

解析： 施工荷载的传递路线是：由脚手板→横向水平杆→纵向水平杆→纵向水平杆与立柱连接的扣件→立杆。对应这种荷载传递路线的水平杆受力简图如图 6-25 所示。横向水平杆可简化为静定单跨梁——外伸梁［图 6-25a)］；纵向水平杆可简化为超静定梁（有两个多余约束的几何不变体系），见图 6-25b)。

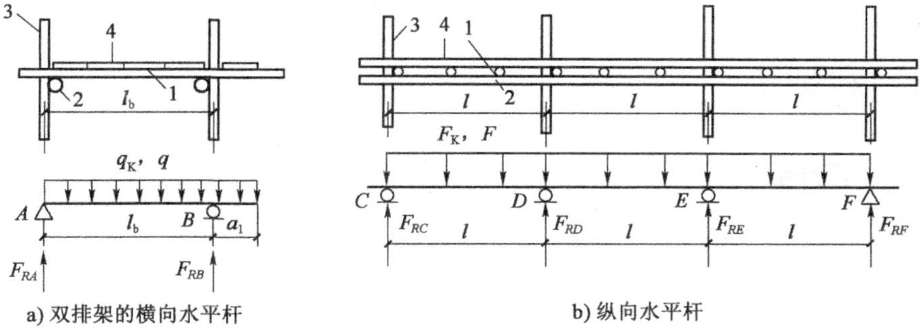

图 6-25　水平杆受力图

1-横向水平杆；2-纵向水平杆；3-立杆；4-脚手板

思考与练习

1. 为什么工程中要避免采用瞬变体系，只能采用几何不变体系？

2. 拱结构和梁结构的区别是什么？

3. 桁架的计算简图中，零杆怎样判别？

4. 试比较静定结构和超静定结构的优缺点。

学习项目

请你填写下表：

学 习 任 务 单

班级		姓名		时间	年　月　日
1	抄写第 6 单元标题				
2	摘写本单元主要结构	1. 静定结构：________ ________ 2. 超静定结构：________ ________			

续上表

3	自主学习内容	列举一个超静定的工程结构件，画出其受力简图，分析其受力特点
4	与力学相关的知识描述	阐述相关公理，定理、定义，力学模型，外力、内力、强度、刚度的计算等
5	自学方法	实地考察法□　集体研讨法□　网络信息搜索□　图书馆期刊/专业书籍查阅□　向导师技术人员咨询□

自我检测

一、填空题

1. 有多余约束的几何不变体系称为__________结构；无多余约束的几何不变体系称为__________结构。

2. 两刚片用不在一条直线上的一个铰和一根链杆相连，组成的体系一定__________。

3. 从几何构造上看，多跨静定梁可分为__________部分和__________部分。

4. 轴线为曲线，在竖向荷载作用下支座处有水平推力的结构称为__________。

二、简答题

1. 对图6-26所示体系作几何组成分析。

2. 静定多跨梁的结构特点和传力特点是什么？

3. 三铰拱的主要内力是什么？在施工时对拱的基础有何要求？

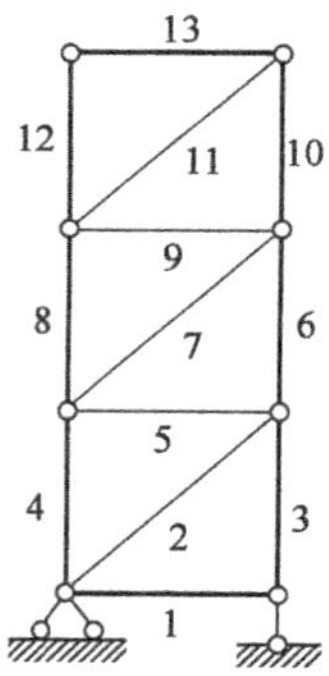

图6-26　体系

附录1　中等职业学校《土木工程力学基础》教学大纲

（教育部2009年颁布）

一 课程性质与任务

本课程是中等职业学校建筑、市政、道路桥梁、铁道、水利等土木工程类相关专业的一门基础课程。其任务是：使学生掌握土木工程类专业必备的力学基础知识和基本技能，初步具备分析和解决土木工程简单结构、基本构件受力问题的能力，为学习后续专业技能课程打下基础；对学生进行职业意识培养和职业道德教育，使其形成严谨、敬业的工作作风，为今后解决生产实际问题和职业生涯的发展奠定基础。

二 课程教学目标

使学生初步具备对土木工程简单结构和基本构件进行受力分析的能力；能运用平衡方程解决基本构件的平衡问题；能绘制直杆轴向拉伸、压缩内力图和直梁弯曲内力图；具备利用正应力强度条件进行直杆拉伸、压缩及直梁弯曲强度校核的基本计算能力；了解受压构件的稳定性问题及土木工程简单结构的内力特点。

能对土木工程简单结构、基本构件进行简化，并绘制出相应的计算简图，初步具备建模能力；能用力学知识分析、解决生活和土木工程中的简单力学问题。具备良好的职业道德，养成严谨细致的工作态度；树立安全生产、节能环保和产品质量等职业意识。

三 教学内容结构

教学内容由基础模块和选学模块两部分组成。

1. 基础模块中未标注“*”的内容是各专业学生必修的基础性内容和

应该达到的基本要求。

2. 基础模块中标注"＊"的内容和选学模块，为较高要求及适应不同专业、地域、学校差异的选修内容。

3. 土木、水利非施工类（如建筑装饰、水电设备安装等）专业可采用少学时（44～62 学时）组织教学；土木、水利施工类（如建筑施工、道路桥梁工程施工等）专业可采用多学时（62～72 学时）组织教学。

四 教学内容与要求

基 础 模 块

教学单元	教 学 内 容	教学要求与建议
力和受力图	力的基本知识	通过实验观察和生活实例，理解力的概念、力的两种作用效应，了解力的三要素
	静力学公理	了解力的平衡的概念； 会二力平衡公理、作用与反作用公理，能对两个公理进行比较，会对基本构件进行受力分析； 了解平行四边形法则、加减平衡力系公理
	约束与约束反力	了解约束与约束反力的概念； 能对工程中常用基本构件的约束进行简化，能运用教具或多媒体课件等分析常见约束的约束性质及约束反力方向； ＊通过约束的简化分析，体会力学模型的作用，获得探索问题的科学方法
	受力图	了解分离体、受力图的概念； 能画单个物体的受力图； ＊能绘出简单物体系统的受力图
平面力系的平衡	力的投影	能计算力在直角坐标轴上的投影
	平面汇交力系的平衡	了解力系的概念及平面一般力系的分类； 能运用平面汇交力系平衡方程计算简单的平衡问题
	力矩	了解力矩的概念，理解力矩的性质； 能计算集中力、线荷载的力矩
	＊力偶	了解力偶的概念，理解力偶的性质，能计算力偶矩； 了解平面力偶系的平衡条件

续上表

教学单元	教 学 内 容	教学要求与建议
平面力系的平衡	平面一般力系的平衡	了解平面一般力系的平衡条件，理解平面一般力系平衡方程的两种形式； 能运用平衡方程计算单个构件的平衡问题； *能运用平衡方程计算简单物体系统的平衡问题
直杆轴向拉伸和压缩	杆件四种基本变形及组合变形	通过实验观察，认识工程中常见的四种基本变形的受力和变形特点； *了解工程中构件的组合变形是基本变形的叠加
	直杆轴向拉、压横截面上的内力	了解内力的概念； 通过讨论理解轴力方向与横截面的关系，了解轴力正负号的规定； 了解计算内力的基本方法——截面法，能计算轴力，会绘制轴力图
	直杆轴向拉、压横截面的正应力	了解应力、正应力的概念； 通过实验演示，理解正应力在横截面上的分布规律； 能应用公式计算正应力
	直杆轴向拉、压的强度计算	了解许用应力的概念； 可通过工程见习或采用多媒体等，会运用强度条件解决实际工程中的强度校核问题，培养观察能力与解决实际问题的能力； *会运用强度条件解决实际工程中的截面设计和确定许用荷载问题
	*直杆轴向拉、压的变形	通过生活实例了解弹性变形、塑性变形的概念，了解胡克定律的两种形式
	直杆轴向拉、压在工程中的应用	能运用直杆轴向拉伸与压缩的知识，对工程中的构件进行定性分析； *了解动荷载作用对轴向受拉构件的影响
直梁弯曲	梁的形式	通过观察工程实例或采用多媒体等，认识简支梁、外伸梁和悬臂梁，并会画出相应简图
	梁的内力	理解剪力、弯矩的概念，了解其正负号规定； *通过截面法求剪力、弯矩，了解剪力与弯矩的计算规律，并能运用规律计算梁指定截面的内力
	梁的内力图——剪力图与弯矩图	了解剪力图、弯矩图的概念及其绘制规定； 通过对简单荷载作用下梁的内力图的讨论，总结出梁的内力图规律，能利用规律绘制梁的内力图，培养探究与创新精神
	梁的正应力及其强度条件	通过实验，理解对称截面上的正应力分布规律； *理解非对称截面上的正应力分布规律； 了解矩形和圆形截面二次矩、抗弯截面系数，了解正应力计算公式；

续上表

教学单元	教 学 内 容	教学要求与建议
直梁弯曲	梁的正应力及其强度条件	能运用正应力强度条件解决工程实际中基本构件的强度校核； *能运用正应力强度条件解决工程实际中的截面设计和确定许用荷载
	梁的变形	了解挠度的概念； *了解简单荷载作用下梁的最大挠度所在的位置及其影响因素
	直梁弯曲在工程中的应用	能运用直梁弯曲知识，通过案例的定性分析，初步解决工程中的实际问题，培养岗位综合职业能力； *了解动荷载作用对直梁弯曲的影响
受压构件的稳定性	受压构件平衡状态的稳定性	通过实验演示，理解构件失稳的概念； 了解受压构件平衡状态的三种情况
	影响受压构件稳定性的因素	能运用临界力公式分析影响受压构件稳定性的因素，了解提高受压构件稳定性的措施
	受压构件的稳定性问题	分析典型工程中受压构件失稳的案例，了解受压构件稳定性问题的重要性

选 学 模 块

教学单元	教 学 内 容	教学要求与建议
工程中常见结构简介	平面结构的几何组成分析	了解几何不变、几何可变体系的概念； 了解铰接三角形规则，能运用该规则对简单的工程实例进行几何组成分析； 了解静定、超静定结构的概念
	工程中常见静定结构简介	结合工程实例，认识静定多跨梁、刚架、三铰拱、桁架的内力分布情况，了解相应的受力特征
	工程中常见超静定结构简介	结合工程实例，认识超静定梁、刚架的内力分布情况，了解相应受力特征，能对静定结构与超静定结构进行比较

五 教学实施

（一）学时安排建议

模　　块	教 学 单 元	建 议 学 时 数	
基础模块	力和受力图	8～12	44～62
	平面力系的平衡	12～16	
	直杆轴向拉伸和压缩	8～10	
	直梁弯曲	12～18	
	受压构件的稳定性	4～6	
选学模块	工程中常见结构简介	6～10	6～10

实行学分制的学校，可按16～18学时折合1学分计算。

（二）教学方法建议

1. 教学中应以学生为主体，引导学生对生活及工程实例进行观察和思考，理解力学概念，使学生通过实验、讨论、训练等实践活动，掌握力学基础知识和基本技能。

2. 教学应贴近工程施工实际，通过工程案例分析，提高学生的学习兴趣。教学中要突出实际应用，引导学生学会解决土木工程中简单的力学问题。

3. 应在土木工程力学基本技能训练过程中渗透职业意识和职业道德教育，使学生养成实事求是的科学态度和严谨细致的工作习惯。

（三）教材编写建议

教材编写应以本教学大纲为基本依据。

1. 应体现职业教育的特点，并适应不同教学模式的需求。

2. 在涵盖教学大纲规定的基本教学内容与要求的基础上，可根据施工类和非施工类等专业的不同侧重，编写相应的多学时教材和少学时教材，便于灵活使用。

3. 教材呈现形式上应图文并茂，符合中等职业学校学生的阅读心理与阅读习惯；名词术语、文字、符号、数字、公式、计量单位等运用要准确、规范、统一，符合我国相关标准与规范。

（四）现代教育技术的应用建议

应重视现代教育技术在教学中的应用，综合运用多媒体课件、虚拟仿真实训软件、电子试题库等数字化教学资源，创建适应个性化学习需求、强化实践技能训练的教学条件，对土木工程简单结构及基本构件的简化、内力分布、变形、承载力等进行分析，提高教学效率和质量，积极探索信息技术条件下教学模式和教学方法的改革。

六 考核与评价

1. 考核与评价应重点考核学生运用所学知识分析和解决土木工程简单

结构、基本构件受力问题的能力，并关注良好的职业道德以及安全、环保、合作、创新等职业意识的养成等。

2. 考核与评价的主体应多元化，坚持教师评价与学生互评、自评相结合，过程性评价与结果性评价相结合，定量考核与定性描述相结合。

3. 可采用笔试、口试、实践性总结等相结合的方式进行综合评价。

附录 2 《土木工程力学基础》课程学习小组活动记录表

班　级		年　月　日
学习小组成员	组长： 成员：	
小组活动项目		
小组活动分工		
活动记录	活动的计划或方案；活动的过程；活动的结论	

		内容	
		学习目标	评价项目
小组活动评分内容	职业能力	1. 确定或自拟学习项目的主题，编制计划或研究方案	选定或自拟一个有创意的学习项目主题
			制定一个完整、可行的小组活动计划
			编写论文写作提纲或试验工作步骤
		2. 收集与研究主题有关的资料信息，所搜集的信息、资料或素材具有典型性，内容完整	能确定需收集信息的内容及途径
			所搜索的信息、素材质量
			能拍摄工程现场素材的数码相片
		3. 制作反映学习成果的专题作业，内容完整，信息丰富，计算准确。有自己的风格和创意，汇报答辩有一定的观赏性	撰写论文、报告，填写小组活动记录表
			汇报课件的制作水平与课件演示效果
			学习活动总结（收获体会与建议）编制计算说明书及绘图
	关键能力	4. 与人合作、沟通能力	在团队活动中围绕学习任务能积极协同工作
		5. 组织、活动能力	在团队中的角色和独立完成任务的能力
		6. 交流表达能力	口头表达、文字表达能力
		7. 解决问题能力	完成学习任务过程中解决问题所起的作用
		8. 创新能力	对完成工作能提出合理建议及措施、办法

	评分内容 / 姓名	职业能力			关键能力				
		1	2	3	4	5	6	7	8
小组活动评分									
	自我评分（5分）								
	小组互评（5分）								
	教师评分（5分）								

组长签名	年 月 日
指导教师意见（签名）	年 月 日

附录 3　型钢规格表

热轧等边角钢（GB 9787—88）

附表 3-1

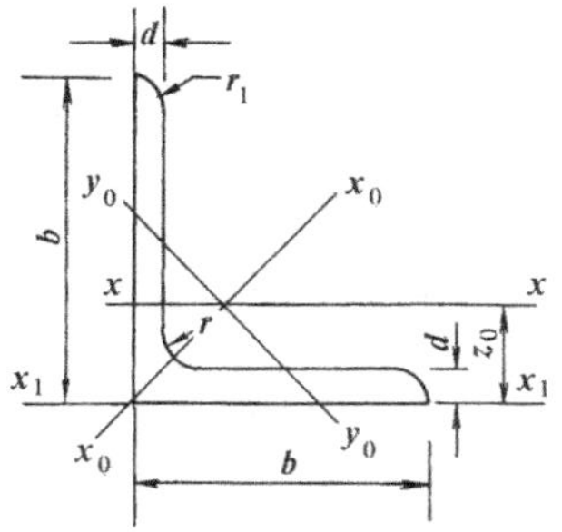

符号意义：

b-边宽度；　I-惯性矩；

d-边厚度；　i-惯性半径；

r-内圆弧半径；　W-截面系数；

r_1-边端内圆弧半径；　z_0-重心距离。

角钢号数	尺寸 (mm)			截面面积 (cm^2)	理论质量 (kg/m)	外表面积 (m^2/m)	参考数值										z_0 (cm)
							$x-x$			x_0-x_0			y_0-y_0			x_1-x_1	
	b	d	r				I_x (cm^4)	i_x (cm)	W_x (cm^3)	I_{x0} (cm^4)	i_{x0} (cm)	W_{x0} (cm^3)	I_{y0} (cm^4)	i_{y0} (cm)	W_{y0} (cm^3)	I_{x1} (cm^4)	
2.0	20	3	3.5	1.132	0.889	0.078	0.40	0.59	0.29	0.63	0.75	0.45	0.17	0.39	0.20	0.81	0.60
		4		1.459	1.145	0.077	0.50	0.58	0.36	0.78	0.73	0.55	0.22	0.38	0.24	1.09	0.64
2.5	25	3		1.432	1.124	0.098	0.82	0.76	0.46	1.29	0.95	0.73	0.34	0.49	0.33	1.57	0.73
		4		1.859	1.459	0.097	1.03	0.74	0.59	1.62	0.93	0.92	0.43	0.48	0.40	2.11	0.76
3.0	30	3	4.5	1.749	1.373	0.117	1.46	0.91	0.68	2.31	1.15	1.09	0.61	0.59	0.51	2.71	0.85
		4		2.276	1.786	0.117	1.84	0.90	0.87	2.92	1.13	1.37	0.77	0.58	0.62	3.63	0.89
3.6	36	3	4.5	2.109	1.656	0.141	2.58	1.11	0.99	4.09	1.39	1.61	1.07	0.71	0.76	4.68	1.00
		4		2.756	2.163	0.141	3.29	1.09	1.28	5.22	1.38	2.05	1.37	0.70	0.93	6.25	1.04
		5		3.382	2.654	0.141	3.95	1.08	1.56	6.24	1.36	2.45	1.65	0.70	1.09	7.84	1.07

续上表

角钢号数	尺寸 (mm)			截面面积 (cm^2)	理论质量 (kg/m)	外表面积 (m^2/m)	参考数值										z_0 (cm)
							$x-x$			x_0-x_0			y_0-y_0			x_1-x_1	
	b	d	r				I_x (cm^4)	i_x (cm)	W_x (cm^3)	I_{x0} (cm^4)	i_{x0} (cm)	W_{x0} (cm^3)	I_{y0} (cm^4)	i_{y0} (cm)	W_{y0} (cm^3)	I_{x1} (cm^4)	
4.0	40	3	5	2.359	1.852	0.157	3.59	1.23	1.23	5.69	1.55	2.01	1.49	0.79	0.96	6.41	1.09
		4		3.086	2.422	0.157	4.60	1.22	1.60	7.29	1.54	2.58	1.91	0.79	1.19	8.56	1.13
		5		3.791	2.976	0.156	5.53	1.21	1.96	8.76	1.52	3.01	2.30	0.78	1.39	10.74	1.17
4.5	45	3	5	2.659	2.088	0.177	5.17	1.40	1.58	8.20	1.76	2.58	2.14	0.90	1.24	9.12	1.22
		4		3.486	2.736	0.177	6.65	1.38	2.05	10.56	1.74	3.32	2.75	0.89	1.54	12.18	1.26
		5		4.292	3.369	0.176	8.04	1.37	2.51	12.74	1.72	4.00	3.33	0.88	1.81	15.25	1.30
		6		5.076	3.985	0.176	9.33	1.36	2.95	14.76	1.70	4.64	3.89	0.88	2.06	18.36	1.33
5	50	3	5.5	2.971	2.332	0.197	7.18	1.55	1.96	11.37	1.96	3.22	2.98	1.00	1.57	12.50	1.34
		4		3.897	3.059	0.197	9.26	1.54	2.56	14.70	1.94	4.16	3.82	0.99	1.96	16.69	1.38
		5		4.803	3.770	0.196	11.21	1.53	3.13	17.79	1.92	5.03	4.64	0.98	2.31	20.90	1.42
		6		5.688	4.465	0.196	13.05	1.52	3.68	20.68	1.91	5.85	5.42	0.98	2.63	25.14	1.46
5.6	56	3	6	3.343	2.624	0.221	10.19	1.75	2.48	16.14	2.20	4.08	4.24	1.13	2.02	17.56	1.48
		4		4.390	3.446	0.220	13.18	1.73	3.24	20.92	2.18	5.28	5.46	1.11	2.52	23.43	1.53
5.6	56	5	6	5.415	4.251	0.220	16.02	1.72	3.97	25.42	2.17	6.42	6.61	1.10	2.98	29.33	1.57
		8	7	8.367	6.568	0.219	23.63	1.68	6.03	37.37	2.11	9.44	9.89	1.09	4.16	47.24	1.68
6.3	63	4	7	4.978	3.907	0.248	19.03	1.96	4.13	30.17	2.46	6.78	7.89	1.26	3.29	33.35	1.70
		5		6.143	4.822	0.248	23.17	1.94	5.08	36.77	2.45	8.25	9.57	1.25	3.90	41.73	1.74
		6		7.288	5.721	0.247	27.12	1.93	6.00	43.03	2.43	9.66	11.20	1.24	4.46	50.14	1.78
		8		9.515	7.469	0.247	34.46	1.90	7.75	54.56	2.40	12.25	14.33	1.23	5.47	67.11	1.85
		10		11.657	9.151	0.246	41.09	1.88	9.39	64.85	2.36	14.56	17.33	1.22	6.36	84.31	1.93

续上表

角钢号数	尺寸 (mm)			截面面积 (cm^2)	理论质量 (kg/m)	外表面积 (m^2/m)	参考数值										z_0 (cm)
							$x-x$			x_0-x_0			y_0-y_0			x_1-x_1	
	b	d	r				I_x (cm^4)	i_x (cm)	W_x (cm^3)	I_{x0} (cm^4)	i_{x0} (cm)	W_{x0} (cm^3)	I_{y0} (cm^4)	i_{y0} (cm)	W_{y0} (cm^3)	I_{x1} (cm^4)	
7.0	70	4	8	5.570	4.372	0.275	26.39	2.18	5.14	41.80	2.74	8.44	10.99	1.40	4.17	45.74	1.86
		5		6.875	5.397	0.275	32.21	2.16	6.32	51.08	2.73	10.32	13.34	1.39	4.95	57.21	1.91
		6		8.160	6.406	0.275	37.77	2.15	7.48	59.93	2.71	12.11	15.61	1.38	5.67	68.73	1.95
		7		9.424	7.398	0.275	43.09	2.14	8.59	68.35	2.69	13.81	17.82	1.38	6.34	80.29	1.99
		8		10.667	8.373	0.274	48.17	2.12	9.68	76.37	2.68	15.43	19.98	1.37	6.98	91.92	2.03
7.5	75	5	9	7.367	5.818	0.295	39.97	2.33	7.32	63.30	2.92	11.94	16.63	1.50	5.77	70.56	2.04
		6		8.797	6.905	0.294	46.95	2.31	8.64	74.38	2.90	14.02	19.51	1.49	6.67	84.55	2.07
		7		10.160	7.976	0.294	53.57	2.30	9.93	84.96	2.80	16.02	22.18	1.48	7.44	98.71	2.11
		8		11.503	9.030	0.294	59.96	2.28	11.20	95.07	2.88	17.93	24.86	1.47	8.19	112.97	2.15
		10		14.126	11.089	0.293	71.98	2.26	13.64	113.92	2.84	21.48	30.05	1.46	9.56	141.71	2.22
8.0	80	5	9	7.912	6.211	0.315	48.79	2.48	8.34	77.33	3.13	13.67	20.25	1.60	6.66	85.36	2.15
		6		9.397	7.376	0.314	57.35	2.47	9.87	90.98	3.11	16.08	23.72	1.59	7.65	102.50	2.19
		7		10.860	8.525	0.314	65.58	2.46	11.37	104.07	3.10	18.40	27.09	1.58	8.58	119.70	2.23
		8		12.303	9.658	0.314	73.49	2.44	12.83	116.60	3.08	20.61	30.39	1.57	9.46	136.97	2.27
		10		15.126	11.874	0.313	88.43	2.42	15.64	140.09	3.04	24.76	36.77	1.56	11.08	171.74	2.35
9.0	90	6	10	10.637	8.350	0.354	82.77	2.79	12.61	131.26	3.51	20.63	34.28	1.80	9.95	145.87	2.44
		7		12.301	9.656	0.354	94.83	2.78	14.54	150.47	3.50	23.64	39.18	1.78	11.19	170.30	2.48
		8		13.944	10.946	0.353	106.47	2.76	16.42	168.97	3.48	26.55	43.97	1.78	12.35	194.80	2.52
		10		17.167	13.476	0.353	128.58	2.74	20.07	203.90	3.45	32.04	53.26	1.76	14.52	244.07	2.59
		12		20.306	15.940	0.352	149.22	2.71	23.57	236.21	3.41	37.12	62.22	1.75	16.49	293.76	2.67

续上表

角钢号数	尺寸(mm)			截面面积(cm^2)	理论质量(kg/m)	外表面积(m^2/m)	参考数值										z_0(cm)
							$x-x$			x_0-x_0			y_0-y_0			x_1-x_1	
	b	d	r				I_x(cm^4)	i_x(cm)	W_x(cm^3)	I_{x0}(cm^4)	i_{x0}(cm)	W_{x0}(cm^3)	I_{y0}(cm^4)	i_{y0}(cm)	W_{y0}(cm^3)	I_{x1}(cm^4)	
10	100	6	12	11.932	9.366	0.393	114.95	3.01	15.68	181.98	3.90	25.74	47.92	2.00	12.69	200.07	2.67
		7		13.796	10.830	0.393	131.86	3.09	18.10	208.97	3.89	29.55	54.74	1.99	14.26	233.54	2.71
		8		15.638	12.276	0.393	148.24	3.08	20.47	235.07	3.88	33.24	61.41	1.98	15.75	267.09	2.76
		10		19.261	15.120	0.392	179.51	3.05	25.06	284.68	3.84	40.26	74.35	1.96	18.54	334.48	2.84
		12		22.800	17.898	0.391	208.90	3.03	29.48	330.95	3.81	46.80	86.84	1.95	21.08	402.34	2.91
		14		26.256	20.611	0.391	236.53	3.00	33.73	374.06	3.77	52.90	99.00	1.94	23.44	470.75	2.99
		16		29.627	23.257	0.390	262.53	2.98	37.82	414.16	3.74	58.57	110.89	1.94	25.63	539.80	3.06
11	110	7	12	15.196	11.928	0.433	177.16	3.41	22.05	280.94	4.30	36.12	73.38	2.20	17.51	310.64	2.96
		8		17.238	13.532	0.433	199.46	3.40	24.95	316.49	4.28	40.69	82.42	2.19	19.39	355.20	3.01
		10		21.261	16.690	0.432	242.19	3.38	30.60	384.39	4.25	49.42	99.98	2.17	22.91	444.65	3.09
		12		25.200	19.782	0.431	282.55	3.35	36.05	448.17	4.22	57.62	116.93	2.15	26.15	534.60	3.16
		14		29.056	22.809	0.431	320.71	3.32	41.31	508.01	4.18	65.31	133.40	2.14	29.14	625.16	3.24
12.5	125	8	14	19.750	15.504	0.492	297.03	3.88	32.52	470.89	4.88	53.28	123.16	2.50	25.86	521.01	3.37
		10		24.373	19.133	0.491	361.67	3.85	39.97	573.89	4.85	64.93	149.46	2.48	30.62	651.93	3.45
		12		28.912	22.696	0.491	423.16	3.83	41.17	671.44	4.82	75.96	174.88	2.46	35.03	783.42	3.53
		14		33.367	26.193	0.490	481.65	3.80	54.16	763.73	4.78	86.41	199.57	2.45	39.13	915.61	3.61
14	140	10	14	27.373	21.488	0.551	514.65	4.34	50.58	817.27	5.46	82.56	212.04	2.78	39.20	915.11	3.82
		12		32.512	25.522	0.551	603.68	4.31	59.80	958.79	5.43	96.85	248.57	2.76	45.02	1 099.28	3.90
		14		37.567	29.490	0.550	688.81	4.28	68.75	1093.56	5.40	110.47	284.06	2.75	50.45	1 284.22	3.98
		16		42.539	33.393	0.549	770.24	4.26	77.46	1221.81	5.36	123.42	318.67	2.74	55.55	1 470.07	4.06

续上表

角钢号数	尺寸(mm)			截面面积(cm^2)	理论质量(kg/m)	外表面积(m^2/m)	参考数值										z_0(cm)
							$x-x$			x_0-x_0			y_0-y_0			x_1-x_1	
	b	d	r				I_x(cm^4)	i_x(cm)	W_x(cm^3)	I_{x0}(cm^4)	i_{x0}(cm)	W_{x0}(cm^3)	I_{y0}(cm^4)	i_{y0}(cm)	W_{y0}(cm^3)	I_{x1}(cm^4)	
16	160	10	16	31.502	24.729	0.630	779.53	4.98	66.70	1 237.30	6.27	109.36	321.76	3.20	52.76	1 365.33	4.31
		12		37.441	29.391	0.630	916.58	4.95	78.98	1 455.68	6.24	128.67	377.49	3.18	60.74	1 639.57	4.39
		14		43.296	33.987	0.629	1 048.36	4.92	90.95	1 665.02	6.20	147.17	431.70	3.16	68.244	1 914.68	4.47
		16		49.067	38.518	0.629	1 175.08	4.89	102.63	1 865.57	6.17	164.89	484.59	3.14	75.31	2 190.82	4.55
18	180	12	16	42.241	33.159	0.710	1 321.35	5.59	100.82	2 100.10	7.05	165.00	542.61	3.58	78.41	2 332.80	4.89
		14		48.896	38.388	0.709	1 514.48	5.56	116.25	2 407.42	7.02	189.14	625.53	3.56	88.38	2 723.48	4.97
		16		55.467	43.542	0.709	1 700.99	5.54	131.13	2 703.37	6.98	212.40	698.60	3.55	97.83	3 115.29	5.05
		18		61.955	48.634	0.708	1 875.12	5.50	145.64	2 988.24	6.94	234.78	762.01	3.51	105.14	3 502.43	5.13
20	200	14	18	54.642	42.894	0.788	2 103.55	6.20	144.70	3 343.26	7.82	236.40	863.83	3.98	111.82	3 734.10	5.46
		16		62.013	48.680	0.788	2 366.15	6.18	163.65	3 760.89	7.79	265.93	971.41	3.96	123.96	4 270.39	5.54
		18		69.301	54.401	0.787	2 620.64	6.15	182.22	4 164.54	7.75	294.48	1 076.74	3.94	135.52	4 808.13	5.62
		20		76.505	60.056	0.787	2 867.30	6.12	200.42	4 554.55	7.72	322.06	1 180.04	3.93	146.55	5 347.51	5.69
		24		90.661	71.168	0.785	2 338.25	6.07	236.17	5 294.97	7.64	374.41	1 381.53	3.90	166.55	6 457.16	5.87

注：截面图中的 $r_1=\frac{1}{3}d$ 及表中 r 值的数据用于孔型设计，不作交货条件。

热轧不等边角钢(GB 9788—88)

附表 3-2

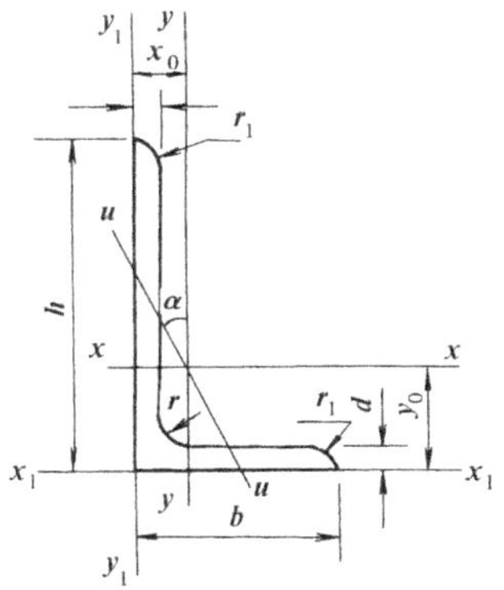

符号意义:

I-惯性矩; i-惯性半径;

B-长边宽度; b-短边宽度;

d-边厚度; r-内圆弧半径;

r_1-边端内圆弧半径; W-截面系数;

x_0-重心距离; y_0-重心距离。

角钢号数	尺寸(mm)				截面面积 (cm^2)	理论质量 (kg/m)	外表面积 (m^2/m)	参考数值													
								$x-x$			$y-y$			x_1-x_1		y_1-y_1		$u-u$			
	B	b	d	r				I_x (cm^4)	i_x (cm)	W_x (cm^3)	I_y (cm^4)	i_y (cm)	W_y (cm^3)	I_{x1} (cm^4)	y_0 (cm)	I_{y1} (cm^4)	x_0 (cm)	I_u (cm^4)	i_u (cm)	W_u (cm^3)	tanα
2.5/1.6	25	16	3	3.5	1.162	0.912	0.080	0.70	0.78	0.43	0.22	0.44	0.19	1.56	0.86	0.43	0.42	0.14	0.34	0.16	0.392
			4		1.499	1.176	0.079	0.88	0.77	0.55	0.27	0.43	0.24	2.09	0.90	0.59	0.46	0.17	0.34	0.20	0.381
3.2/2	32	20	3		1.492	1.171	0.102	1.53	1.01	0.72	0.46	0.55	0.30	3.27	1.08	0.82	0.49	0.28	0.43	0.25	0.382
			4		1.939	1.522	0.101	1.93	1.00	0.93	0.57	0.54	0.39	4.37	1.12	1.12	0.53	0.35	0.42	0.32	0.374
4/2.5	40	25	3	4	1.890	1.484	0.127	3.08	1.28	1.15	0.93	0.70	0.49	6.39	1.32	1.59	0.59	0.56	0.54	0.40	0.386
			4		2.467	1.936	0.127	3.93	1.26	1.49	1.18	0.69	0.63	8.53	1.37	2.14	0.63	0.71	0.54	0.52	0.381
4.5/2.8	45	28	3	5	2.149	1.687	0.143	4.45	1.44	1.47	1.34	0.79	0.62	9.10	1.47	2.23	0.64	0.80	0.61	0.51	0.383
			4		2.806	2.203	0.143	5.69	1.42	1.91	1.70	0.78	0.80	12.13	1.51	3.00	0.68	1.02	0.60	0.66	0.380
5/3.2	50	32	3	5.5	2.431	1.908	0.161	6.24	1.60	1.84	2.02	0.91	0.82	12.49	1.60	3.31	0.73	1.20	0.70	0.68	0.404
			4		3.177	2.494	0.160	8.02	1.59	2.39	2.58	0.90	1.06	16.65	1.65	4.45	0.77	1.53	0.69	0.87	0.402

续上表

角钢号数	尺寸(mm)				截面面积 (cm^2)	理论质量 (kg/m)	外表面积 (m^2/m)	参考数值													
								$x-x$			$y-y$			x_1-x_1		y_1-y_1		$u-u$			
	B	b	d	r				I_x (cm^4)	i_x (cm)	W_x (cm^3)	I_y (cm^4)	i_y (cm)	W_y (cm^3)	I_{x1} (cm^4)	y_0 (cm)	I_{y1} (cm^4)	x_0 (cm)	I_u (cm^4)	i_u (cm)	W_u (cm^3)	$\tan\alpha$
5.6/3.6	56	36	3	6	2.743	2.153	0.181	8.88	1.80	2.32	2.92	1.03	1.05	17.54	1.78	4.70	0.80	1.73	0.79	0.87	0.408
			4		3.590	2.818	0.180	11.45	1.79	3.03	3.76	1.02	1.37	23.39	1.82	6.33	0.85	2.23	0.79	1.13	0.408
			5		4.415	3.466	0.180	13.86	1.77	3.71	4.49	1.01	1.65	29.25	1.87	7.94	0.88	2.67	0.78	1.36	0.404
6.3/4	63	40	4	7	4.058	3.185	0.202	16.49	2.02	3.87	5.23	1.14	1.70	33.30	2.04	8.63	0.92	3.12	0.88	1.40	0.398
			5		4.993	3.920	0.202	20.02	2.00	4.74	6.31	1.12	2.71	41.63	2.08	10.86	0.95	3.76	0.87	1.71	0.396
			6		5.908	4.638	0.201	23.36	1.96	5.59	7.29	1.11	2.43	49.98	2.12	13.12	0.99	4.34	0.86	1.99	0.393
			7		6.802	5.339	0.201	26.53	1.98	6.40	8.24	1.10	2.78	58.07	2.15	15.47	1.03	4.97	0.86	2.29	0.389
7/4.5	70	45	4	7.5	4.547	3.570	0.226	23.17	2.26	4.86	7.55	1.29	2.17	45.92	2.24	12.26	1.02	4.40	0.98	1.77	0.410
			5		5.609	4.403	0.225	27.95	2.23	5.92	9.13	1.28	2.65	57.10	2.28	15.39	1.06	5.40	0.98	2.19	0.407
			6		6.647	5.218	0.225	32.54	2.21	6.95	10.62	1.26	3.12	68.35	2.32	18.58	1.09	6.35	0.98	2.59	0.404
			7		7.657	6.011	0.225	37.22	2.20	8.03	12.01	1.25	3.57	79.99	2.36	21.84	1.13	7.16	0.97	2.94	0.402
(7.5/5)	75	50	5	8	6.125	4.808	0.245	34.86	2.39	6.83	12.61	1.44	3.30	70.00	2.40	21.04	1.17	7.41	1.10	2.74	0.435
			6		7.260	5.699	0.245	41.12	2.38	8.12	14.70	1.42	3.88	84.30	2.44	25.37	1.21	8.54	1.08	3.19	0.435
			8		9.467	7.431	0.244	52.39	2.35	10.52	18.53	1.40	4.99	112.50	2.52	34.23	1.29	10.87	1.07	4.10	0.429
			10		11.590	9.098	0.244	62.71	2.33	12.79	21.96	1.38	6.04	140.80	2.60	43.43	1.36	13.10	1.06	4.99	0.423
8/5	80	50	5	8	6.375	5.005	0.255	41.96	2.56	7.78	12.82	1.42	3.32	85.21	2.60	21.06	1.14	7.66	1.10	2.74	0.388
			6		7.560	5.935	0.255	49.49	2.56	9.25	14.95	1.41	3.91	102.53	2.65	25.41	1.18	8.85	1.08	3.20	0.387
			7		8.724	6.848	0.255	56.16	2.54	10.58	16.96	1.39	4.48	119.33	2.69	29.83	1.21	10.18	1.08	3.70	0.384
			8		9.867	7.745	0.254	62.83	2.52	11.92	18.85	1.38	5.03	136.41	2.73	34.32	1.25	11.38	1.07	4.16	0.381

续上表

角钢号数	尺寸(mm)				截面面积 (cm^2)	理论质量 (kg/m)	外表面积 (m^2/m)	参考数值													
								$x-x$			$y-y$			x_1-x_1		y_1-y_1		$u-u$			
	B	b	d	r				I_x (cm^4)	i_x (cm)	W_x (cm^3)	I_y (cm^4)	i_y (cm)	W_y (cm^3)	I_{x1} (cm^4)	y_0 (cm)	I_{y1} (cm^4)	x_0 (cm)	I_u (cm^4)	i_u (cm)	W_u (cm^3)	$\tan\alpha$
9/5.6	90	56	5	9	7.212	5.661	0.287	60.45	2.90	9.92	18.32	1.59	4.21	121.32	2.91	29.53	1.25	10.98	1.23	3.49	0.385
			6		8.557	6.717	0.286	71.03	2.88	11.74	21.42	1.58	4.96	145.59	2.95	35.58	1.29	12.90	1.23	4.18	0.384
			7		9.880	7.756	0.286	81.01	2.86	13.49	24.36	1.57	5.70	169.66	3.00	41.71	1.33	14.67	1.22	4.72	0.382
			8		11.183	8.779	0.286	91.03	2.85	15.27	27.15	1.56	6.41	194.17	3.04	47.93	1.36	16.34	1.21	5.29	0.380
10/6.3	100	63	6	10	9.617	7.550	0.320	99.06	3.21	14.64	30.94	1.79	6.35	199.71	3.24	50.50	1.43	18.42	1.38	5.25	0.394
			7		11.111	8.722	0.320	113.45	3.29	16.88	35.26	1.78	7.29	233.00	3.28	59.14	1.47	21.00	1.38	6.02	0.393
			8		12.584	9.878	0.319	127.37	3.18	19.08	39.39	1.77	8.21	266.32	3.32	67.88	1.50	23.50	1.37	6.78	0.391
			10		15.467	12.142	0.319	153.81	3.15	23.32	47.12	1.74	9.98	333.06	3.40	85.73	1.58	28.33	1.35	8.24	0.387
10/8	100	80	6	10	10.637	8.850	0.354	107.04	3.17	15.19	61.24	2.40	10.16	199.83	2.95	102.68	1.97	31.65	1.72	8.37	0.627
			7		12.301	9.656	0.354	122.73	3.16	17.52	70.08	2.39	11.71	233.20	3.00	119.98	2.01	36.17	1.72	9.60	0.626
			8		13.944	10.946	0.353	137.92	3.14	19.81	78.58	2.37	13.21	266.61	3.04	137.37	2.05	40.58	1.71	10.80	0.625
			10		17.167	13.476	0.353	166.87	3.12	24.24	94.65	2.35	16.12	333.63	3.12	172.48	2.13	49.10	1.69	13.12	0.622
11/7	110	70	6	10	10.637	8.350	0.354	133.37	3.54	17.85	42.92	2.01	7.90	265.78	3.53	69.08	1.57	25.36	1.54	6.53	0.403
			7		12.301	9.656	0.354	153.00	3.53	20.60	49.01	2.00	9.09	310.07	3.57	80.82	1.61	28.95	1.53	7.50	0.402
			8		13.944	10.946	0.353	172.04	3.51	23.30	54.87	1.98	10.25	354.39	3.62	92.70	1.65	32.45	1.53	8.45	0.401
			10		17.167	13.476	0.353	208.39	3.48	28.54	65.88	1.96	12.48	443.13	3.70	116.83	1.72	39.20	1.51	10.29	0.397
12.5/8	125	80	7	11	14.096	11.066	0.403	277.98	4.02	26.86	74.42	2.30	12.01	454.99	4.01	120.32	1.80	43.81	1.76	9.92	0.408
			8		15.989	12.551	0.403	256.77	4.01	30.41	83.49	2.28	13.56	519.99	4.06	137.85	1.84	49.15	1.75	11.18	0.407
			10		19.712	15.474	0.402	312.04	3.98	37.33	100.67	2.26	16.56	650.09	4.14	173.40	1.92	59.45	1.74	13.64	0.404
			12		23.351	18.330	0.402	364.41	3.95	44.01	116.67	2.24	19.43	780.39	4.22	209.67	2.00	69.35	1.72	16.01	0.400

续上表

角钢号数	尺寸(mm) B	b	d	r	截面面积 (cm^2)	理论质量 (kg/m)	外表面积 (m^2/m)	参考数值 x—x I_x (cm^4)	i_x (cm)	W_x (cm^3)	y—y I_y (cm^4)	i_y (cm)	W_y (cm^3)	$x_1—x_1$ I_{x1} (cm^4)	y_0 (cm)	$y_1—y_1$ I_{y1} (cm^4)	x_0 (cm)	u—u I_u (cm^4)	i_u (cm)	W_u (cm^3)	tanα
14/9	140	90	8	12	18.038	14.160	0.453	365.64	4.50	38.48	120.69	2.59	17.34	730.53	4.50	195.79	2.04	70.83	1.98	14.31	0.411
			10		22.261	17.475	0.452	445.50	4.47	47.31	146.03	2.56	21.22	913.20	4.58	245.92	2.12	85.82	1.96	17.48	0.409
			12		26.400	20.724	0.451	521.59	4.44	55.87	169.79	2.54	24.95	1 096.09	4.66	296.89	2.19	100.21	1.95	20.54	0.406
			14		30.456	23.908	0.451	594.10	4.42	64.18	192.10	2.51	28.54	1 279.26	4.74	348.82	2.27	114.13	1.94	23.52	0.403
16/10	160	100	10	13	25.315	19.872	0.512	668.69	5.14	62.13	205.03	2.85	26.56	1 362.89	5.24	336.59	2.28	121.74	2.19	21.92	0.390
			12		30.054	23.592	0.511	784.91	5.11	73.49	239.06	2.82	31.28	1 635.56	5.32	405.94	2.36	142.33	2.17	25.79	0.388
			14		34.709	27.247	0.510	896.30	5.08	84.56	271.20	2.80	35.83	1 908.50	5.40	476.42	2.43	162.23	2.16	29.56	0.385
			16		39.281	30.835	0.510	1 003.04	5.05	95.33	301.60	2.77	40.24	2 181.79	5.48	548.22	2.51	182.57	2.16	33.44	0.382
18/11	180	110	10	14	28.373	22.373	0.571	956.25	5.80	78.96	278.11	3.13	32.49	1 940.40	5.89	447.22	2.44	166.50	2.42	26.88	0.376
			12		33.712	26.464	0.571	1 124.72	5.78	93.53	325.03	3.10	38.32	2 328.38	5.98	538.94	2.52	194.87	2.40	31.66	0.374
			14		38.967	30.589	0.570	1 286.91	5.75	107.76	369.55	3.08	43.97	2 716.60	6.06	631.95	2.59	222.30	2.39	36.32	0.372
			16		44.139	34.649	0.569	1 443.06	5.72	121.64	411.85	3.06	49.44	3 105.15	6.14	726.46	2.67	248.94	2.38	40.87	0.369
20/12.5	200	125	12		37.912	29.761	0.641	1 570.90	6.44	116.73	483.16	3.57	49.99	3 193.85	6.54	787.74	2.83	285.79	2.74	41.23	0.392
			14		43.867	34.436	0.640	1 800.97	6.41	134.65	550.83	3.54	57.44	3 726.17	5.02	922.47	2.91	326.58	2.73	47.34	0.390
			16		49.739	39.045	0.639	2 023.35	6.38	152.18	615.44	3.52	64.69	4 258.86	6.70	1 058.86	2.99	366.21	2.71	53.32	0.388
			18		55.526	43.588	0.639	2 238.30	6.35	169.33	677.19	3.49	71.74	4 792.00	6.78	1 197.13	3.06	404.83	2.70	59.18	0.385

注：1. 括号内型号不推荐使用；

2. 截面图中的 $r_1=\frac{1}{3}d$ 及表中 r 的数据用于孔型设计，不作交货条件。

热轧工字钢（GB 706—88）

附表 3-3

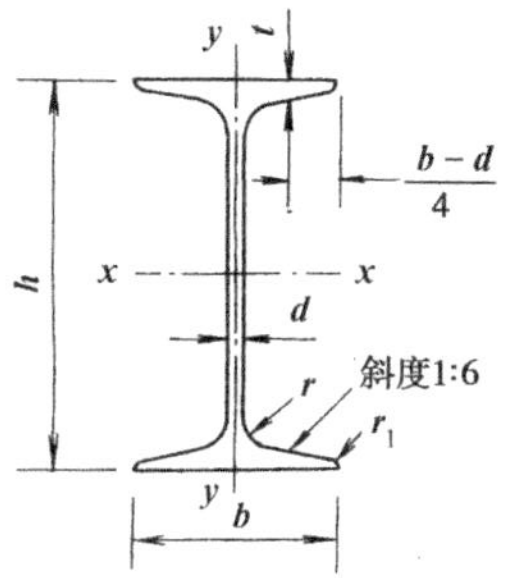

符号意义：

h-高度；　　r_1-短边宽度；

b-腿宽度；　　I_x，I_y-惯性矩；

d-腰厚度；　　W-截面系数；

t-重心距离；　　i-惯性半径；

r-内圆弧半径；　　S-半截面的静矩。

型号	尺寸 (mm)						截面面积 (cm^2)	理论质量 (kg/m)	参考数值						
									$x-x$				$y-y$		
	h	b	d	t	r	r_1			I_x (cm^4)	W_x (cm^3)	I_x (cm)	$I_x:S_x$ (cm)	I_y (cm^4)	W_y (cm^3)	i_y (cm)
10	100	68	4.5	7.6	6.5	3.3	14.3	11.2	245	49	4.14	8.59	33	9.72	1.52
12.6	126	74	5	8.4	7	3.5	18.1	14.2	488.43	77.529	5.195	10.85	46.906	12.677	1.609
14	140	80	5.5	9.1	7.5	3.8	21.5	16.9	712	102	5.76	12	64.4	16.1	1.73
16	160	88	6	9.9	8	4	26.1	20.5	1 130	141	6.58	13.8	93.1	21.2	1.89
18	180	94	6.5	10.7	8.5	4.3	30.6	24.1	1 660	185	7.36	15.4	122	26	2
20a	200	100	7	11.4	9	4.5	35.5	27.9	2 370	237	8.15	17.2	158	31.5	2.12
20b	200	102	9	11.4	9	4.5	39.5	31.1	2 500	250	7.96	16.9	169	33.1	2.06
22a	220	110	7.5	12.3	9.5	4.8	42	33	34 000	309	8.99	18.9	225	40.9	2.31
22b	220	112	9.5	12.3	9.5	4.8	46.4	36.4	3 570	325	8.78	18.7	239	42.7	2.27
25a	250	116	8	13	10	5	48.5	38.1	5 023.54	401.88	10.18	21.58	280.046	48.283	2.403
25b	250	118	10	13	10	5	53.5	42	5 283.96	422.72	9.938	21.27	309.297	52.423	2.404
28a	280	122	8.5	13.7	10.5	5.3	55.45	43.4	7 114.14	508.15	11.32	24.62	345.051	56.565	2.495
28b	280	124	10.5	13.7	10.5	5.3	61.05	47.9	7480	534.29	11.08	24.24	379.496	61.209	2.493

续上表

型号	尺寸 (mm)						截面面积 (cm²)	理论质量 (kg/m)	参考数值						
									x—x				y—y		
	h	b	d	t	r	r_1			I_x (cm⁴)	W_x (cm³)	I_x (cm)	$I_x:S_x$ (cm)	I_y (cm⁴)	W_y (cm³)	i_y (cm)
32a	320	130	9.5	15	11.5	5.8	67.05	52.7	11 075.5	692.2	12.84	27.46	459.93	70.758	2.619
32b	320	132	11.5	15	11.5	5.8	73.45	57.7	11 621.4	726.33	12.58	27.09	501.53	75.989	2.614
32c	320	134	13.5	15	11.5	5.8	79.95	62.8	12 167.5	760.47	12.34	26.77	543.81	81.166	2.608
36a	360	136	10	15.8	12	6	76.3	59.9	15 760	875	14.4	30.7	552	81.2	2.69
36b	360	138	12	15.8	12	6	83.5	65.6	16 530	919	14.1	30.3	582	84.3	2.64
36c	360	140	14	15.8	12	6	90.7	71.2	17 310	962	13.8	29.9	612	87.4	2.6
40a	400	142	10.5	16.5	12.5	6.3	86.1	67.6	21 720	1 090	25.9	34.1	660	93.2	2.77
40b	400	144	12.5	16.5	12.5	6.3	94.1	73.8	22 780	1 140	15.6	33.6	692	96.2	2.71
40c	400	146	14.5	16.5	12.5	6.3	102	80.1	23 850	1 190	15.2	33.2	727	99.6	2.65
45a	450	150	11.5	18	13.5	6.8	102	80.4	32 240	1 430	17.7	38.6	855	114	2.89
45b	450	152	13.5	18	13.5	6.8	111	87.4	33 760	1 500	17.4	38	894	118	2.84
45c	450	154	15.5	18	13.5	6.8	120	94.5	35 280	1 570	17.1	37.6	938	122	2.79
50a	500	158	12	20	14	7	119	93.6	46 470	1 860	19.7	42.8	1 120	142	3.07
50b	500	160	14	20	14	7	129	101	48 560	1 940	19.4	42.4	1 170	146	3.01
50c	500	162	16	20	14	7	139	109	50 640	2 080	19	41.8	1 220	151	2.96
56a	560	166	12.5	21	14.5	7.3	135.25	106.2	65 585.6	2 342.31	22.02	47.73	1 370.16	165.08	3.182
56b	560	168	14.5	21	14.5	7.3	146.45	115	68 512.5	2 446.69	21.63	47.17	1 486.75	174.25	3.162
56c	560	170	16.5	21	14.5	7.3	157.85	123.9	71 439.4	2 551.41	21.27	46.66	1 558.39	183.34	3.158
63a	630	176	13	22	15	7.5	154.9	121.6	93 916.2	2 981.47	24.62	54.17	1 700.55	193.24	3.314
63b	630	178	15	22	15	7.5	167.5	131.5	98 083.6	3 163.38	24.2	53.51	1 812.07	203.6	3.289
63c	630	180	17	22	15	7.5	180.1	141	102 251.1	3 298.42	23.82	52.92	1 924.91	213.88	3.268

注：截面图和表中标注的圆弧半径 r、r_1 的数据用于孔型设计，不作交货条件。

热轧槽钢（GB 707—88）

附表 3-4

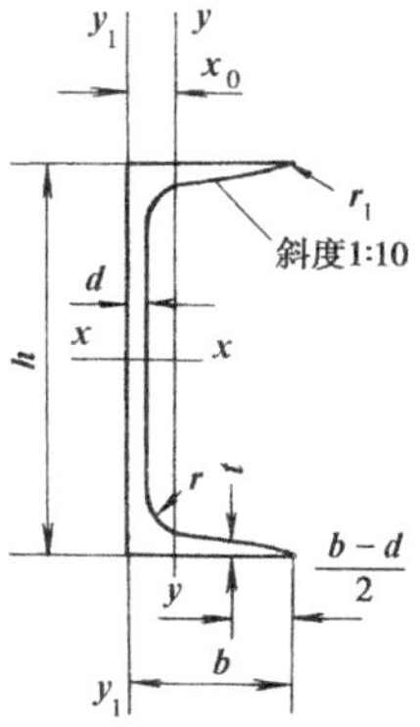

符号意义：

h-高度；	r_1-腿端圆弧半径；
b-腿宽度；	I-惯性矩；
d-腰厚度；	W-截面系数；
t-平均腿厚度；	i-惯性半径；
r-内圆弧半径；	z_0-$y-y$ 轴与 y_1-y_1 轴间距。

型号	尺寸 (mm)						截面面积 (cm^2)	理论质量 (kg/m)	参考数值							
									$x-x$			$y-y$			y_1-y_1	z_0 (cm)
	h	b	d	t	r	r_1			W_x (cm^3)	I_x (cm^4)	i_x (cm)	W_y (cm^3)	I_y (cm^4)	i_y (cm)	i_{y1} (cm^4)	
5	50	37	4.5	7	7	3.5	6.93	5.44	10.4	26	194	3.55	8.3	1.1	20.9	1.35
6.3	63	40	4.8	7.5	7.5	3.75	8.444	6.63	16.123	50.786	2.453	4.50	11.872	1.185	28.38	1.36
8	80	43	5	8	8	4	10.24	8.04	25.3	101.3	3.15	5.79	16.6	1.27	37.4	1.43
10	100	48	5.3	8.5	8.5	4.25	12.74	10	39.7	198.3	3.95	7.8	25.6	1.41	54.9	1.52
12.6	126	53	5.5	9	9	4.5	15.69	12.37	62.137	391.466	4.953	10.242	37.99	1.567	77.09	1.59
14a	140	58	6	9.5	9.5	4.75	18.51	14.53	80.5	563.7	5.52	13.01	53.2	1.7	107.1	1.71
14b	140	60	8	9.5	9.5	4.75	21.31	16.73	87.1	609.4	5.35	14.12	61.1	1.69	120.6	1.67
16a	160	63	6.5	10	10	5	21.95	17.23	108.3	866.2	6.28	16.3	73.3	1.83	144.1	1.8
16	160	65	8.5	10	10	5	25.15	19.74	116.8	934.5	6.1	17.55	83.4	1.82	160.8	1.75
18a	180	68	7	10.5	10.5	5.25	25.69	20.17	141.4	1 272.7	7.04	20.03	98.6	1.96	189.7	1.88
18	180	70	9	10.5	10.5	5.25	29.29	22.99	152.2	1 369.9	6.84	21.52	111	1.95	210.1	1.84

续上表

型号	尺寸 (mm)						截面面积 (cm^2)	理论质量 (kg/m)	参考数值							
									x—x			y—y			$y_1—y_1$	z_0 (cm)
	h	b	d	t	r	r_1			W_x (cm^3)	I_x (cm^4)	i_x (cm)	W_y (cm^3)	I_y (cm^4)	i_y (cm)	I_{y1} (cm^4)	
20a	200	73	7	11	11	5.5	28.83	22.63	178	1 780.4	7.86	24.2	128	2.11	244	2.01
20	200	75	9	11	11	5.5	32.83	25.77	191.4	1 913.7	7.64	25.88	143.6	2.09	268.4	1.95
22a	220	77	7	11.5	11.5	5.75	31.84	24.99	217.6	2 393.9	8.67	28.17	157.8	2.23	298.2	2.1
22	220	79	9	11.5	11.5	5.75	36.24	28.45	233.8	2 571.4	8.42	30.05	176.4	2.21	326.3	2.03
a	250	78	7	12	12	6	34.91	27.47	269.597	3 369.62	9.823	30.607	175.529	2.243	322.256	2.065
25b	250	80	9	12	12	6	39.91	31.39	282.402	3 530.04	9.405	32.657	196.421	2.218	353.187	1.982
c	250	82	11	12	12	6	44.91	35.32	295.236	3 690.45	9.065	35.926	218.415	2.206	384.133	1.921
a	280	82	7.5	12.5	12.5	6.25	40.02	31.42	340.328	4 764.59	10.91	35.718	217.989	2.333	387.566	2.097
28b	280	84	9.5	12.5	12.5	6.25	45.62	35.81	366.46	5 130.45	10.6	37.929	242.144	2.304	427.589	2.016
c	280	86	11.5	12.5	12.5	6.25	51.22	40.21	392.594	5 496.32	10.35	40.301	267.602	2.286	426.597	1.951
a	320	88	8	14	14	7	48.7	38.22	474.879	7 598.06	12.49	46.473	304.787	2.502	552.31	2.242
32b	320	90	10	14	14	7	55.1	43.25	509.012	8 144.2	12.15	49.157	336.332	2.471	592.933	2.158
c	320	92	12	14	14	7	61.5	48.28	543.145	8 690.33	11.88	52.642	374.175	2.467	643.299	2.092
a	360	96	9	16	16	8	60.89	47.8	659.7	11 874.2	13.97	63.54	455	2.73	818.4	2.44
36b	360	98	11	16	16	8	68.09	53.45	702.9	12 651.8	13.63	66.85	496.7	2.7	880.4	2.37
c	360	100	13	16	16	8	75.29	50.1	746.1	13 429.4	13.36	70.02	536.4	2.67	947.9	2.34
a	400	100	10.5	18	18	9	75.05	58.91	878.9	17 577.9	15.30	78.83	592	2.81	1 067.7	2.49
40b	400	102	12.5	18	18	9	83.05	65.19	932.2	18 644.5	14.98	82.52	640	2.78	1 135.6	2.44
c	400	104	14.5	18	18	9	91.05	71.47	985.6	19 711.2	14.71	86.19	687.8	2.75	1 220.7	2.42

注：截面图和表中标注的圆弧半径 r、r_1 的数据用于孔型设计，不作交货条件。

附录4　学 习 网 站

[1]　湖南交通职业技术学院工程力学精品课程网站

[2]　长安大学工程力学精品课程网站 jpkc. chd. edu. cn/2003/gclx

[3]　天津大学材料力学精品课程网站 202. 113. 13. 85/webclass/cllx

[4]　四川大学工程力学精品课程网站 219. 221. 200. 61/2004/show.

[5]　中国路桥网 www. 9to. com

[6]　中国交通 www. iicc. ac. cn

[7]　中国路桥资讯网 www. lqzx. com

[8]　桥梁网 www. bridge-cn. com

[9]　隧道网 www. stec. net/index. asp

[10]　中铁大桥勘测设计院有限公司：www. brdi. com. cn

[11]　工程教育网 www. cngcw. com/

[12]　中国建筑第三工程局 www. cscec3b. com. cn

参 考 文 献

[1] 范钦珊．理论力学［M］．北京：高等教育出版社，2002.

[2] 孙训芳，方孝淑．材料力学［M］．北京：高等教育出版社，1996.

[3] 沈养中．工程力学．（第一分册）［M］．北京：高等教育出版社，2000.

[4] 孔七一．工程力学［M］．北京：人民交通出版社，2008.

[5] 孔七一．工程力学学习指导书［M］．北京：人民交通出版社，2008.

[6] 张友全．建筑力学与结构［M］．北京：中国电力出版社，2004.

[7] 李前程．工程力学［M］．北京：高等教育出版社，2003.

[8] 黄平明，毛瑞祥．结构设计原理［M］．北京：人民交通出版社，2001.

[9] 姚玲森．桥梁工程［M］．北京：人民交通出版社，2001.

[10] 韩实彬．起重工长［M］．北京：机械工业出版社，2007.

[11] 潘全祥．建筑结构工程施工百问［M］．北京：中国建筑工业出版社，2000.

[12] 李吉曼，孟华．图解架子工基本技术［M］．北京：中国电力出版社，2009.

[13] 赵永安．图解钢筋工基本技术［M］．北京：中国电力出版社，2009.

[14] 桂业昆，邱式．桥涵施工专项技术手册［M］．北京：人民交通出版社，2005.

[15] 刘自明．桥梁工程养护与维修手册［M］．北京：人民交通出版社，2005.

[16] 丁铭绩，赵文杰．道路工程施工问答实录［M］．北京：机械工业出版社，2008.

[17] 周孟波．斜拉桥手册［M］．北京：人民交通出版社，2005.